顺昌七台山省级自然保护区
两栖爬行动物图鉴

舒　勇　曹作木　等 ◎编著

中国林业出版社
China Forestry Publishing House

图书在版编目（CIP）数据

顺昌七台山省级自然保护区两栖爬行动物图鉴 / 舒勇等编著 . -- 北京 : 中国林业出版社， 2024. 8.
ISBN 978-7-5219-2870-9

Ⅰ . Q959.508-64；Q959.608-64

中国国家版本馆 CIP 数据核字第 20241MR807 号

责任编辑　何　鹏　李丽菁

出版发行　中国林业出版社
　　　　　（100009，北京市西城区刘海胡同 7 号，电话 010-83143547）
电子邮箱　cfphzbs@163.com
网　　址　https://www.cfph.net
印　　刷　河北京平诚乾印刷有限公司
版　　次　2024 年 8 月第 1 版
印　　次　2024 年 8 月第 1 次印刷
开　　本　787mm×1092mm　1/16
印　　张　8
字　　数　166 千字
定　　价　108.00 元

作者名单

主要编著人员　舒　勇　曹作木　张　龙　廖谢茗

　　　　　　　　陈国富　欧丁丁

参与编著人员　（以姓氏笔画为序）

王志海	王昊琼	文　汲	尹祺卿	付达夫
宁　辉	朱兴文	刘世好	刘扬晶	刘志华
刘宏伟	刘斯垚	齐建文	米玛次仁	杜　志
李朝阳	李德华	杨　宁	杨　帆	吴后建
吴南飞	张　平	张　蓓	张文成	张志涛
陆鹏飞	陈建刚	陈振雄	罗为检	罗金龙
周　兴	周学武	赵思远	桂来庭	郭克疾
黄　琰	梅　浩	曹　虹	彭检贵	曾永祥
谢腾辉	詹寿东	魏荣忠		

参加单位及人员

国家林业和草原局中南调查规划院

王志海　王昊琼　文　汲　付达夫　宁　辉　朱兴文　刘扬晶
刘世好　刘斯垚　刘宏伟　齐建文　米玛次仁　李朝阳　杨　帆
杨　宁　杜　志　吴后建　吴南飞　张志涛　张　蓓　张文成
陆鹏飞　陈振雄　陈国富　周学武　罗为检　曹　虹　梅　浩
舒　勇　郭克疾　桂来庭　黄　琰　彭检贵　詹寿东

长沙中南林业调查规划设计有限公司

尹祺卿　张　龙　欧丁丁　罗金龙　赵思远

南平市林业局

谢腾辉　刘志华　曾永祥

顺昌县林业局

李德华　张　平　陈建刚　曹作木　廖谢茗　魏荣忠　周　兴

目 录

上 篇

1 自然地理概况 ·· 2

2 社会经济概况 ·· 5

3 保护区类型和主要保护对象 ···························· 6

4 保护管理情况 ·· 7

下 篇

爬行纲

龟鳖目

平胸龟 ·· 10

黄喉拟水龟 ·································· 11

乌龟 ·· 12

鳖 ·· 13

有鳞目

多疣壁虎 ·································· 14

蹼趾壁虎 ·································· 15

丽棘蜥 ······································ 16

北草蜥 ······································ 17

南草蜥 ······································ 18

铜蜓蜥 ······································ 19

中国石龙子 ·································· 20

蓝尾石龙子 ·································· 22

光蜥 ·· 23

钩盲蛇 ······································ 24

黑脊蛇 ···················· 25

黑头剑蛇 ················· 26

尖尾两头蛇 ·············· 27

钝尾两头蛇 ·············· 28

中国水蛇 ················· 29

铅色水蛇 ················· 30

赤链华游蛇 ·············· 31

环纹华游蛇 ·············· 32

乌华游蛇 ················· 33

黄斑渔游蛇 ·············· 34

颈棱蛇 ···················· 35

山溪后棱蛇 ·············· 36

挂墩后棱蛇 ·············· 37

棕黑腹链蛇 ·············· 38

横纹斜鳞蛇 ·············· 39

草腹链蛇 ················· 40

黄链蛇 ···················· 42

赤链蛇 ···················· 43

黑背白环蛇 ·············· 44

玉斑锦蛇 ················· 46

紫灰锦蛇 ················· 47

黑眉锦蛇 ················· 48

王锦蛇 ···················· 49

绞花林蛇 ················· 50

繁花林蛇 ················· 51

翠青蛇 ···················· 52

乌梢蛇 ···················· 53

灰鼠蛇 ···················· 54

滑鼠蛇 ···················· 55

紫棕小头蛇 ·············· 56

中国小头蛇 ·············· 57

银环蛇 ···················· 58

舟山眼镜蛇 …………… 59

眼镜王蛇 ……………… 60

尖吻蝮 ………………… 62

短尾蝮 ………………… 64

原矛头蝮 ……………… 65

白唇竹叶青蛇 ………… 66

福建竹叶青蛇 ………… 68

台湾烙铁头蛇 ………… 70

蟒 ……………………… 72

两栖纲

有尾目

东方蝾螈 ……………… 74

黑斑肥螈 ……………… 76

无尾目

福建掌突蟾 …………… 78

淡肩角蟾 ……………… 79

黑眶蟾蜍 ……………… 80

中华蟾蜍 ……………… 82

中国雨蛙 ……………… 84

三港雨蛙 ……………… 86

小弧斑姬蛙 …………… 88

饰纹姬蛙 ……………… 90

泽陆蛙 ………………… 92

虎纹蛙 ………………… 94

福建大头蛙 …………… 96

镇海林蛙 ……………… 98

福建侧褶蛙 …………… 99

黑斑侧褶蛙 …………… 100

沼水蛙 ………………… 101

阔褶水蛙 ……………… 102

大绿臭蛙 ……………… 104

花臭蛙 ………………… 106

华南湍蛙 ……………… 108

斑腿泛树蛙 …………… 110

布氏泛树蛙 …………… 112

大树蛙 ………………… 113

棘胸蛙 ………………… 114

参考文献 ……………… 115

中文名索引 …………… 116

学名索引 ……………… 118

上篇

顺昌七台山省级自然保护区
两栖爬行动物图鉴

1 自然地理概况

1.1 地理位置

顺昌七台山省级自然保护区位于顺昌县西部，地处顺昌、邵武、将乐 3 县交界处，涉及顺昌县大干镇慈悲村和甲头村。总面积 2054.28hm²，地理坐标为 117°29'57"~117°35'8"E、26°56'6"~26°59'21"N。

1.2 地质地貌

顺昌七台山省级自然保护区地处武夷山主脉杉岭山脉向东延伸的支脉上，为山地丘陵地带。保护区出露的地层为前震旦系麻源组。岩性为黑云斜长变粒岩、黑云石英片岩、片麻岩、白云石英片岩，以及少量绿帘、绿泥石片岩等，该组地层岩性变化不大，主要由一套巨厚的各种片岩、变粒岩类组成，其原岩主要为一套浅海相泥沙质、砂质细碎屑沉积岩，局部为中酸性火山喷发沉积岩。保护区大地构造单元处于闽西北后加里东隆起带东南部，以北东向褶皱和断层最显著。保护区所在的慈悲村、甲头村，正处于自东而西的慈悲—甲头断层上。该断层除具有与褶皱轴向近一致的特点外，绝大部分的力学性质属压性或压扭性，在断层两侧常可见到岩石遭受强烈挤压扭曲或破碎，次一级裂隙十分发育。保护区境内千米以上山峰 2 座，主峰七台山 1282.8m，最低点 262.4m，相对高差 1020.4m。保护区最低点位于七台山国有林场场部门前河道。

1.3 水系

顺昌七台山省级自然保护区境内水系为慈悲溪，发源于甲头坳上，流经甲头村、慈悲村，河长13.7km，集雨面积71.3km²。有分支流——河坑溪，长10.8km，于新村汇合，后汇入邵武水口寨溪，再入富屯溪。保护区河流属山地性河流，受地形和气候影响，地势坡降大，两岸陡峭，岩壁耸立，溪水容易下泄，暴涨暴落，源短流急，水量丰富，季节变化大，遇大雨则山洪暴发。由于保护区内植被完整，森林覆盖率高，虽境内坡度极大、暴雨汇流时间短促、河床窄，但两岸完整，冲刷缓和；源流短而水流常年不断，滞流时间较一般地区大为延长，充分显示了森林覆盖对涵养水源、保持水土的决定性作用。

1.4 气候

顺昌七台山省级自然保护区属于中亚热带海洋性季风气候，受季风性环流影响明显，随冬夏环流转换和太阳照射的变化，带来四季不同的气候特征。冬季（12月至翌年2月）气温低，蒙古冷高压势力强盛，处在冷高压的东南部，盛行西北风，天气寒冷干燥，雨水少，一年中的霜雪多集中此季。春季（3~5月）是冬季风转夏季风的转换季节，气温趋向回升，蒙古冷高压逐渐转弱，太平洋高压逐渐增强，冷暖气流交换频繁，天气多变，冷暖无常，前春常常阴雨连绵，有时出现晚霜，后春有时暴雨成灾。夏季（6~8月）时间长，气温高，太平洋高压进一步北上西伸，境内多吹东南风，由于热带低压北上影响，天气炎热潮湿，初夏为雨季高峰期，常发生暴雨洪涝，夏至前后雨季结束，转为炎热少雨天气，有时午后发生阵雨、大风或雷暴。秋季（9~11月）是夏季风向冬季风转换季节，气温趋于下降，大陆热低压和太平洋高压减弱南退，蒙古高压又增强南侵，天气少雨凉爽，后秋蒙古高压增强，气温显著下降，可能出现初霜。

1.5 土壤

顺昌七台山省级自然保护区地带性土壤为变粒岩、各种片岩风化发育形成的自然土壤，在亚热带生物气候的长期影响下，自然土壤的发育以红壤化作用为主。由于多种母岩，经分化作用后，所形成的土壤质地不尽相同。按照福建省土壤普查规范的土壤分类系统，保护区内土壤主要为红壤土类和黄壤土类。红壤土类分为红壤、粗骨性红壤、黄红土壤、红土4个亚类13个土属，该土类分布在海拔1000m的低山丘陵及部分中山地带，土体有明显的红色淀积层，属地带性土壤，全剖面土色艳红，土层深厚，土体松散，发育于各种不同母岩。据测定，表土层含有机质3.23%、全氮

0.217%、pH 值 5.17。黄壤土类分为黄壤、粗骨性黄壤 2 个亚类 5 个土属，该土类分布在保护区海拔 1180m 以上的中山地带，位于红壤之上，山高雾大，气温较低，湿度大，有利于黄壤化作用，富铝化作用较弱，质地沙壤。其养分含量，据测定，表土平均有机质 5.66%、全氮 0.238%，pH 值 5.05。

1.6 植物资源

植物区系成分较为复杂，植物区系的突出特点是以中亚热带植物区系成分为主。保护区地处武夷山主脉杉岭山脉的支脉上，为山地丘陵地带，纬度较高、气温略低，但由于其水、热、气温的基本特点，决定了该地区的植物区系组成仍以中亚热带的科、属、种占主导地位，有维管束植物 171 科 608 属 1179 种，其中蕨类植物 30 科 52 属 106 种、裸子植物 6 科 9 属 10 种、被子植物 135 科 547 属 1063 种。被子植物中双子叶植物 116 科 441 属 892 种、单子叶植物 19 科 106 属 171 种，植物资源丰富。

1.7 动物资源

保护区内景观和地貌复杂多样，由于良好的自然环境和长期的有效保护，保护区内的野生动物资源比较丰富，具有重要的科研和保护价值。保护区有鱼类 4 目 10 科 33 种，鱼类种数占闽江水系 174 种的 19.0%，占福建省淡水鱼类 197 种的 16.8%；有两栖动物 2 目 8 科 26 种，占福建省两栖动物的 47.3%；有爬行动物 2 目 18 科 56 种，占福建省爬行动物种类的 44.4%；有鸟类 15 目 38 科 169 种，占福建省鸟类总数的 31.0%；有哺乳类动物 7 目 19 科 38 种，占福建省哺乳类动物总数的 31.7%；有昆虫 24 目 193 科 912 种。

2 社会经济概况

2.1 行政区划

保护区位于福建省南平市顺昌县大干镇地跨慈悲村、甲头村 2 个行政村，东北与邵武市毗邻，西南与将乐县相连，东南与顺昌武坊村相连。

2.2 人口情况

保护区所在大干镇周边总人口 1.7 万余人，辖 13 个村，绝大多数为汉族。农业人口占 90.4%。涉及保护区的 2 个行政村人口 434 户，总人口 1741 人，农业人口 1741 人，农村劳动力 890 人。保护区内无常住人口。

2.3 社区经济

保护区地处偏远，保护区内及周边无任何工业，周边社区居民的经济收入主要由种植业、养殖业和劳务输出 3 部分构成。由于近年来外出务工人数增加，从事种植业、养殖业的劳动力严重不足，导致有机农业发展缓慢，社区居民的收入水平一直处于较低状态。

3 保护区类型和主要保护对象

3.1 保护区类型

顺昌七台山省级自然保护区为野生生物类型自然保护区。

3.2 主要保护对象

顺昌七台山省级自然保护区以保护乐东拟单性木兰为代表的珍稀野生植物资源和中亚热带森林生态系统为主要保护对象。

3.3 功能分区

保护区总面积 2054.28hm^2。其中，核心区面积 740.47 hm^2，占 36.05%；缓冲区面积 261.10 hm^2，占 12.71 %；实验区面积 1052.71 hm^2，占 51.24%。

4 保护管理情况

4.1 历史沿革

七台山国有林场前身系花桥伐木场，1977 年从花桥迁至现今所在地，组建七台山伐木场，1990 年更名为国有七台山林业采育场。2011 年改制为七台山国有林场，林场经营面积 2537.8 hm^2，其中公益林面积 1445.2 hm^2。

2015 年 5 月 27 日，福建省人民政府批准建立福建顺昌七台山和武夷山黄龙岩省级自然保护区。

4.2 管理机构和队伍情况

顺昌七台山省级自然保护区为全额拨款事业单位，为独立法人单位，行政上隶属于顺昌县人民政府，业务上接受市、县林业局指导。在保护区内依法行使林地、林木、野生动植物等资源和生态环境的管理权。

4.3 保护管理现状

由顺昌七台山省级自然保护中心负责保护区内的森林资源、野生动植物资源等自然资源保护管理工作。日常巡护监管由顺昌七台山省级自然保护中心委托七台山国有林场负责。

下篇

顺昌七台山省级自然保护区两栖爬行动物图鉴

爬行纲 REPTILIA

龟鳖目
TESTUDINES

平胸龟
Platysternon megacephalum

科
平胸龟科 Platysternidae

属
平胸龟属 Platysternon

形态特征

体型中等，极扁平。头部很大，呈三角形，头背覆以大块卵圆形角质硬壳，中央平坦，前后边缘不呈齿状，角质硬壳由盾片构成，各盾片中心均有疣轮，并有与疣轮平行的同心纹以及由疣轮向四周放射的线纹；上喙钩曲呈鹰嘴状；眼大；无外耳鼓膜；头不能缩入甲内。尾长几乎与体长相等，覆以环状排列的矩形鳞片。头、背甲、四肢及尾背均为棕红色、棕橄榄色或橄榄色。腹甲较小且平，背、腹甲借韧带相连，有下缘角板。四肢具瓦状鳞片，后肢较长，除外侧的指、趾外，有锐利的长爪，指、趾间有半蹼。

生活习性

生活在山区多石的浅溪中，能爬到树上或岩壁觅食，夜间活动。

保护等级

中国生物多样性红色名录等级为极危（CR）；国家二级保护野生动物。

黄喉拟水龟

Mauremys mutica

科 龟科 Emydidae

属 拟水龟属 *Mauremys*

形态特征

头较小，绿色，有黄色带状纹；上颌橄榄色，正中略凹；下颌黄色；头顶部平滑、无鳞；吻突触，向内侧斜切；鼓膜明显。背甲长椭圆形，前部下缘内收，后部较宽，下缘向外扬，长 12~14cm，有 3 条脊棱，中央一条发达，两侧常不明显，后缘呈锯齿状，灰褐色背面，黄色腹面，散布四角形的黑斑；青年个体背甲较扁平，侧棱弱；老年个体则背甲隆起，中央脊棱略圆但明显，两侧棱不甚明显；四肢为橄榄色，具有绿色纵走带状纹；趾间具蹼。雄性尾部粗大，泄殖孔超过背甲边缘；雌龟则尾部细短，泄殖孔距躯体较近；雌龟大于雄龟。

生活习性

生活在河流、山溪等水域中。杂食性，以动物性食物为主，也食水生植物。

保护等级

中国生物多样性红色名录等级为极危（CR）；国家二级保护野生动物。

乌龟

Mauremys reevesii

科
龟科 Emydidae

属
拟水龟属 *Mauremys*

质颧弓，方轭骨与眶后骨、轭骨相切接，顶骨前缘平截，后端延伸至上枕骨末端，上枕骨脊后部略为上翘，鳞骨后部成锐角。雄体背部为黑色或全身黑色，雌体为棕色；腹面略带一些黄色，均有暗褐色斑纹。四肢比较扁平，有爪子，趾间具有全蹼。成年的雌雄性个差异大，雄性尾粗，体型小，一般为 8~10cm，雄性壳较窄长，呈长方形；雌性一般长度为 12~15cm，壳较阔圆。

形态特征

头中等大，头、颈侧面有黄色线状斑纹，吻端向内侧下斜切；喙缘的角质鞘较薄弱；上颚咀嚼面中等，无中央脊。下颚左右齿骨间的交角小于 90°；有 3 条纵向的隆起，后缘不呈锯齿状；头骨有一骨

生活习性

广泛分布于各适宜环境，包括丘陵、平原、江河、田野等。食性很广，小鱼、小虾、蠕虫以及植物茎叶等都能吃。

保护等级

中国生物多样性红色名录等级为濒危（EN）；国家二级保护野生动物。

鳖

Pelodiscus sinensis

 科
鳖科 Trionychidae

 属
鳖属 *Pelodiscus*

形态特征

通体被柔软的革质皮肤，无角质盾片。吻端具肉质吻突，吻突长。颈基两侧及背甲前缘均无明显的瘰粒或大疣。背盘卵圆形，后缘圆。腹甲平坦光滑。四肢较扁。体背青灰色、黄橄榄色或橄榄色；腹乳白色或灰白色。雌鳖尾较短，不能自然伸出裙边。

生活习性

生活于江河、湖沼、池塘、水库等水流平缓、鱼虾繁生的淡水水域。

保护等级

中国生物多样性红色名录等级为濒危（EN）。

有鳞目
SQUAMATA

多疣壁虎
Gekko japonicas

科
壁虎科 Gekkonidae

属
壁虎属 *Gekko*

形态特征

头体长 52~69mm，小于尾长。体背粒鳞较小，圆锥状疣鳞显著大于粒鳞，前臂及小腿有疣鳞，腹面除尾基和末端有 1 列横向扩大的鳞片。趾间具蹼迹。尾基部肛疣多数每侧 3 个，雄性具肛前窝 6~8 个；尾稍纵扁，尾背面被细鳞。生活时体背面灰褐色，深浅依栖息环境而异，具有 5 个浅色横斑；尾背有 9~12 个浅灰色横环，腹面灰白色。

生活习性

常栖息于岩缝、树干或墙面，常集群分布于一处。捕食飞行的小型昆虫。

保护等级

中国生物多样性红色名录等级为无危（LC）。

蹼趾壁虎

Gekko subpalmatus

 科
壁虎科 Gekkonidae

属
壁虎属 *Gekko*

形态特征

全长 106~160mm，头体长为尾长的 0.84~1.05 倍。吻长大于眼径的 2 倍；耳孔直径 0.5~1.4mm，上缘中央一般无缺刻；鼻孔位于吻鳞、第一上唇鳞以及 2~3 枚后鼻鳞间；眼大，瞳孔垂直圆形。体背灰褐色，腹面白色。

生活习性

栖息于房屋的墙壁缝隙处，亦可于山野草堆及石缝等处找到。主要捕食昆虫。5~7 月繁殖，6 月为产卵旺季。

保护等级

中国生物多样性红色名录等级为无危（LC）。

丽棘蜥

Acanthosaura lepidogaster

科

鬣蜥科 Agamidae

属

棘蜥属 *Acanthosaura*

形态特征

头顶具不规则的小鳞片，镶嵌排列，有些鳞片起棱，尤其是鼻额部和额顶部的鳞棱明显，且连成一音叉状隆起的脊；吻棱和上睫脊相连，且十分发达，特别是上睫脊向外突出。体背棕黑，颈背有一镶边的菱形黑斑，脊侧具 2~3 对不规则的浅色斑纹；眼下方有 2 条放射状纹；唇缘橘红色；体侧和四肢浅绿色，散有黄绿色块斑；体腹面色彩较浅，散有黑色斜纹。

生活习性

主要生活在海拔 300~1000m 的山区林下，在路旁的灌丛下和落叶间或溪水旁活动。

保护等级

中国生物多样性红色名录等级为无危（LC）。

北草蜥

Akydromus septentrionalis

科 蜥蜴科 Lacertidae

属 草蜥属 *Takydromus*

形态特征

体瘦长，头体长 62~70mm；尾长 180~245mm，尾长约为头体长的 3 倍。体背部中段起棱，有大棱鳞 6 纵行。腹部起棱大鳞 8 纵行，纵横排列，略呈方形。颏片 3 对，鼠蹊窝 1 对。头、体、尾及四肢背面均为棕绿色，腹面灰棕色或灰白色，眼后至肩部有 1 条浅纵纹。雄性背鳞外缘有 1 条鲜绿色纵纹，体侧杂有深色斑。

生活习性

主要栖息于山区和丘陵的荒地、农田、茶园、灌丛中。以各种无脊椎动物为食，如蝗虫、鼠妇等。

保护等级

中国生物多样性红色名录等级为无危（LC）。

南草蜥

Takydromus sexlineatus

科
蜥蜴科 Lacertidae

属
草蜥属 *Takydromus*

形态特征

体圆长、细弱而不平扁，尾长为头体长的 3 倍以上。头长为头宽的 2 倍；吻端稍尖窄，头鳞比较粗糙，表面凹凸不平。体背橄榄棕色或棕红色，尾部稍浅；头侧至肩部，齐平的分为上半部分棕褐色，下半部分米黄色；一般边缘色浅，近于黑色，体侧有镶黑的绿色圆斑；尾部具深色斑。雄性背面有 2 条边缘齐整的窄绿纵纹。

生活习性

多栖息于海拔 700~1200m 的山地林下或草地。常以蚱蜢等昆虫为食。

保护等级

中国生物多样性红色名录等级为无危（LC）。

铜蜓蜥

Sphenomorphus indicus

🔖 **科**

石龙子科 Scincidae

🔖 **属**

蜓蜥属 *Sphenomorphus*

形态特征

体肥胖，体鳞光滑无棱，呈覆瓦状排列。头顶具对称的大鳞。生活时体背古铜色，有些个体背鳞具深色点斑，少数个体该点斑连成细纵纹。体侧自眼前方至尾基具有一条 2~2.5 枚鳞片宽的黑色纵带，两纵黑带间背鳞 8~9 列。

生活习性

一般栖息于山区和丘陵的荒地、溪边、山坡、路边中。以各种虫类如象鼻虫、金龟子、蝗虫等为食，亦吞食小蛙等脊椎动物。

保护等级

中国生物多样性红色名录等级为无危（LC）。

中国石龙子

Plestiodon chinensis

科
石龙子科 Scincidae

属
石龙子属 *Plestiodon*

形态特征

体长一般为 207~314mm，体较粗壮。有上鼻鳞，无后鼻鳞，第 2 列下颏鳞楔形，后颏鳞 2 枚。典型的有 5 条浅色纵纹，背中部 1 条在头部不分叉，侧纵纹由断续斑点缀连而成，背面和腹面散布浅色斑点。老年成体浅线纹不甚明显，斑点和蓝色亦消失，颈侧及体侧红棕色；幼体背面黑色，具 3 条浅黄纵线，尾浅蓝色。

生活习性

生活于低海拔的山区、平原耕作区、住宅附近、公路旁边草丛、树林下的落叶杂草中、丘陵地区青苔和茅草丛生的路旁、低矮灌木林下和杂草茂密的地方。

保护等级

中国生物多样性红色名录等级为无危（LC）。

蓝尾石龙子

Plestiodon elegans

🔵 **科**
石龙子科 Scincidae

🔵 **属**
石龙子属 *Plestiodon*

形态特征

头体长 70~90mm，尾长 130~160mm。吻钝圆；上鼻鳞 1 对，左右相接；前额鳞 1 对，彼此分隔；顶鳞之间有顶间鳞；耳孔前缘有 2~3 枚锥状鳞；后颏鳞 1 枚。体覆光滑圆鳞，环体中段 21~28 行；肛前鳞 2 枚；股后缘有 1 簇大鳞。背面深黑色，有 5 条黄色纵纹沿体背正中及两侧往后直达尾部，隐失于蓝色的尾端。雄体在腹侧及肛区有隐约散布的紫红色小点，雌体呈青白色。

生活习性

栖息于低山山林及山间道旁的石块下，喜在干燥而温度较高的阳坡活动，在茂密的草丛或平原地区比较少见。

保护等级

中国生物多样性红色名录等级为无危（LC）。

光蜥

Ateuchosaurus chinensis

 科
石龙子科 Scincidae

🔵 属
光蜥属 *Ateuchosaurus*

形态特征

头体长 70~93mm，尾长 88~101mm，尾长与体长相近。吻短，前端钝圆；鼻孔位于鼻鳞中央，鼻大而圆，无上鼻鳞；眼小，眼睑发达，瞳孔圆形；耳孔内陷，鼓膜裸露。额鼻鳞单枚；额鳞长，中部两侧内凹；额顶鳞 1 对，彼此不相接，顶鳞在额鳞后缘相接。背部呈棕褐色，眼后颈侧有深褐色斑纹，体侧零星分布有乳白色斑点，腹面浅棕色。

生活习性

生活于海拔 200~500m 的低山区，常出现在树下落叶间以及住宅周围竹林下或草丛间。以昆虫为食。

保护等级

中国生物多样性红色名录等级为无危（LC）。

钩盲蛇

Indotyphlops braminus

科
盲蛇科 Typhlopidae

属
印度盲蛇属 *Indotyphlops*

形态特征

小型穴居，无毒，最大全长约 0.2m，体圆柱形，似蚯蚓。头小，与颈不分；吻端钝圆且略扁，吻鳞较窄长，口位于吻端腹面；眼小，呈黑点，隐于眼鳞之下；鼻鳞位于吻鳞两侧，较大，鼻孔侧位，鼻鳞沟完全裂开；上唇鳞 4 枚。通身背面棕褐色或黑褐色，具金属光泽，腹面色浅。通身被覆大小相似的鳞片，环体一周 20 枚，呈覆瓦状排列，未分化出较大的腹鳞。尾极短，末端尖且硬。

生活习性

生于海拔 500~800m 的山区及山脚，常见于石块下或居住区花盆、瓦钵下，营穴居生活。以昆虫及其幼虫，蛹、卵为食。

保护等级

中国生物多样性红色名录等级为无危（LC）。

黑脊蛇

Achalinus spinalis

科
游蛇科 Colubridae

属
脊蛇属 *Achalinus*

形态特征

体型小，全长 500mm 左右，呈圆柱形。头较小，与颈区分不明显；吻鳞小，近三角形，高小于宽，从背面仅能见其上缘。生活时，头背近黑色，体背棕褐色。背脊正中有 1 条深黑色纵线纹，线纹宽占脊鳞及其左右相接背鳞各半，从顶鳞后缘向后延伸至尾末端。腹面色浅。雄性个体细长，下唇鳞及颔片有疣粒。

生活习性

生活于山区、丘陵地带，穴居，卵生。食蚯蚓。

保护等级

中国生物多样性红色名录等级为无危（LC）。

黑头剑蛇

Sibynophis chinensis

科

游蛇科 Colubridae

属

剑蛇属 Sibynophis

形态特征

背面棕褐色，颈背及稍后的正中有一不十分明显的黑色纵线。腹面白色，每一腹鳞两外侧各有一个由若干黑色小点聚集形成的黑点斑，各腹鳞的点斑前后缀连成黑色虚线（腹链纹），点斑外侧有棕褐色细点，左右腹链纹之间呈白色且无斑；尾腹面的色斑与躯干腹面相似，区别是组成尾下纵链纹的黑点几乎相连形成实线。头背棕褐色，有若干分散的黑褐色点斑，如吻鳞上端、鼻间鳞、前额鳞等；此外，两眼间及顶鳞后端各有一粗黑纹，枕背还有一最宽的黑纹，上唇上下各有一黑纵纹，其间色白，但上唇鳞沟为黑色；头腹各鳞亦有暗褐色小点。

生活习性

栖息于海拔 400~2000m 的平原、丘陵、山区，常见于路边、河边或茶山草丛中，也见于林下或山林中的石板路上，白昼活动。以蜥蜴为主食，偶尔也吃蛇、蛙等。

保护等级

中国生物多样性红色名录等级为无危（LC）。

尖尾两头蛇

Calamaria pavimentata

科
游蛇科 Colubridae

属
两头蛇属 *Calamaria*

形态特征

小型蛇类，无毒，全长约 360mm。无鼻间鳞，亦无颊鳞及鳞，眶前、眶后各 1 鳞，鳞长大于宽，上唇鳞 4（1-2-1）。背鳞光滑，通身 13 行；腹鳞 155~192 枚；尾下鳞 13~23 对。背面红棕色，有暗色纵线纹或点状条斑或无斑纹。颈部有黄斑，尾部有两对黄色点状斑纹。

生活习性

生活于丘陵地区，隐居于泥土中。

保护等级

中国生物多样性红色名录等级为无危（LC）。

钝尾两头蛇

Calamaria septentrionalis

科

游蛇科 Colubridae

属

两头蛇属 *Calamaria*

形态特征

体圆柱形，尾极短且末端钝圆。头小，与颈区分不明显；眼小色黑。没有颊鳞、鼻间鳞和颞鳞；前额鳞大，前端与吻鳞相接，侧面与上唇鳞相接；眶前鳞1枚，眶后鳞1枚。枕部和颈部各具1对浅黄色斑（或不显），有时左右相连似横斑，枕部1对较小且色淡。背部黑褐色，具金属光泽，部分背鳞上具深黑色点，略缀成纵行。尾侧具2对浅黄色斑，似枕、颈处的黄斑，且尾末钝圆似头，故名"两头蛇"。腹面橘黄色，尾腹正中具1条黑色短纵纹。

生活习性

生活在温暖湿润的地区，温带、亚热带地区常见于丘陵、山林地带，属于穴居类蛇，它在泥土下行动十分隐秘。以蚯蚓为食。卵生动物。

保护等级

中国生物多样性红色名录等级为无危（LC）。

中国水蛇

Myrrophis chinensis

 科

游蛇科 Colubridae

属

沼蛇属 *Myrrophis*

形态特征

小型淡水栖后沟牙类毒蛇，体较粗，尾较短。头略大，与颈可区分；鼻孔背位；眼较小；上、下唇鳞白色。通身背面棕褐色，部分背鳞局部或全部黑褐色，构成大小不一、相距不等的 3 行黑斑；体背最外侧 3 行背鳞浅橘红色。腹面污白色，腹鳞鳞缘浅黑色，形成横纹。尾下鳞基部或周缘黑褐色，在成对的尾下鳞沟连缀成尾腹正中的 1 条纵折线纹。

生活习性

常年生活于淡水中，偶尔会离开水面，对水质要求不高，能在恶劣水质中生长，白天及晚上均见其活动。食性杂，主要以鱼类、青蛙，以及甲壳纲动物为食。

保护等级

中国生物多样性红色名录等级为易危（VU）。

铅色水蛇

Enhydris plumbea

科
游蛇科 Colubridae

属
铅色蛇属 *Enhydris*

形态特征

体型较小而匀称，尾短。头大小适中，与颈区分不明显；吻较宽短；鼻孔具瓣膜，位于吻端背面，左右鼻鳞彼此相切；眶上鳞前窄后宽，其长超过眶径。生活时背面为一致的灰橄榄色，鳞缘色深，形成网纹；上唇及腹面黄白色；腹鳞中央常有黑点缀连成一纵线；尾下中央有一明显的黑色纵线。

生活习性

多生活于平原、丘陵或低山地区的水稻田、池塘、湖泊、小河及其附近水域，多于黄昏及夜间活动。以鱼、蛙为食。卵胎生。

保护等级

中国生物多样性红色名录等级为易危（VU）。

赤链华游蛇

Trimerodytes annularis

科
游蛇科 Colubridae

属
环游蛇属 *Trimerodytes*

形态特征

体型中等，无毒，全长 0.5m 以上。头颈可以区分。通身具围绕腹背一周的多个黑色环纹，环纹在体侧及腹面清晰可辨，腹面环纹间为橘红色或橙黄色。头背暗褐色，体背灰褐色，体侧有黑色横斑，大约有 2×5 枚鳞片，黑斑间隔 2~3 片鳞片，并向下延伸到腹部中间，呈交错排列。鼻间鳞前端极窄，鼻孔位于近背侧，通常仅一片上唇鳞入眶。雄性下唇鳞及须片上有明显疣粒，深色环纹数目较多。

生活习性

以鱼（泥鳅、黄鳝）、蛙类及蚯蚓为食，也吃蜥蜴、蛇、鸟及鼠；捕食时多从猎物后部吞入，吞食食物之后喜欢静卧。

保护等级

中国生物多样性红色名录等级为易危（VU）。

环纹华游蛇

Trimerodytes aequifasciata

科
游蛇科 Colubridae

属
环游蛇属 *Trimerodytes*

形态特征

体型中等，较粗壮，全长 920~1140mm。头较宽，略扁；吻稍钝；眼较大。上唇鳞 9 枚；颊鳞 1 枚；眶前鳞 1 枚（部分个体为 2 枚），眶后鳞 3 枚（部分个体为 2 枚或 4 枚）；前颞鳞 2 枚，后颞鳞 2 枚或 3 枚。背鳞中段 19 行，均起棱或最外 1 行光滑；腹鳞 140~156 枚；肛鳞 2 枚；尾下鳞 62~78 对。背面棕色、棕褐色、棕黄色或灰绿色，腹面黄白色或灰白色。体部有 17~25 条、尾部有 9~14 条黑褐色环纹（云南产斑纹不太明显），在体侧环纹交叉成 "X" 形斑。

生活习性

生活于平原、丘陵及低山区的河边、溪旁，亦见于树上，白天活动。食鱼、蛙等。

保护等级

中国生物多样性红色名录等级为易危（VU）。

乌华游蛇

Trimerodytes percarinatus

科
游蛇科 Colubridae

属
环游蛇属 *Trimerodytes*

形态特征

体型中小，无毒。头部呈椭圆形，与颈区分明显；鼻孔背侧位。头背橄榄灰色，头腹灰白色；体、尾背面暗橄榄绿色，体侧浅橘红色，具若干不甚明显的黑褐色横纹。

生活习性

栖息于海拔 1646 m 以下的平原、丘陵或山区，半水栖生活，常出没于稻田、水凼、流溪、大河等各种水域及其附近；白天活动。以鱼、蛙、蝌蚪、蝲蛄等为食。

保护等级

中国生物多样性红色名录等级为近危（NT）。

黄斑渔游蛇

Xenochrophis flavipunctatus

科

游蛇科 Colubridae

属

渔游蛇属 *Xenochrophis*

形态特征

体型中小，半水栖，无毒。头颈区分明显；鼻间鳞前段较窄，鼻孔背侧位；眼后、下方具 2 条黑色细线纹分别斜向后下方达上唇缘和口角。颈背具 1 个 "V"

形黑纹。体色变化很大，有橄榄绿色、橄榄棕色、黄褐色、黄灰色、棕色、灰色或黑棕色等。有的个体体色偏暗，格子样色斑几乎不可见；有的个体侧面具鲜红色或橙色斑点。腹面黄白色，腹鳞和尾下鳞游离端鳞缘色深，具黑白相间的横纹。

生活习性

多栖息于山区丘陵、平原及田野的河湖水塘边；半水性，夜行性，能在水中潜游，性凶猛。主要猎捕小鱼，兼食蛙、蟾蜍等。

保护等级

中国生物多样性红色名录等级为无危（LC）。

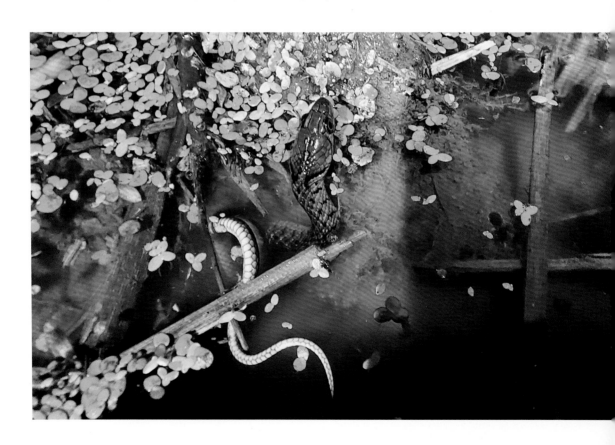

颈棱蛇

Pseudoagkistrodon rudis

科
游蛇科 Colubridae

属
颈棱蛇属 *Pseudoagkistrodon*

形态特征

体型中小，无毒，体粗壮，尾短。头较大，略呈三角形，受惊时头体能变扁平，准备攻击。受惊扰颈部肌肉收缩，颌骨后端扩张，三角形头部更明显，加之体背圆斑排列似短尾蝮，故别名"伪蝮蛇"。头背深褐色，头侧橘红色或橘黄色。头侧具 1 条黑色眉纹，自吻端经眼向后达颈侧。体、尾背面灰褐色或黄褐色，正背面具几十对约等距排列的椭圆形褐色大斑，颈背颜色更深，常左右相连；体前段斑较大，向后逐渐变小。头腹黄白色，向后颜色逐渐加深，自身体前 1/3 处开始，后段黑褐色，并密布黑色碎点。

生活习性

常活动于灌丛、草丛、茶林、树林中，大多出现在天然阔叶林底层；性温驯，无较强攻击性。食蚯蚓、蛙、蜥蜴等。

保护等级

中国生物多样性红色名录等级为无危（LC）。

山溪后棱蛇

Opisthotropis latouchii

科
游蛇科 Colubridae

属
后棱蛇属 *Opisthotropi*

形态特征

头小且扁平，与颈区分不明显；眼小无神。前额鳞单枚；鼻鳞完整，鼻间鳞较窄，鼻孔背侧位；颊鳞1枚，入眶；没有眶前鳞或个别单侧具1枚，眶后鳞2枚。体、尾背面黑褐色、棕褐色、暗橄榄色，每枚背鳞中央具1条黄色纵纹，首尾相连形成数条黄色细纵纹，黑色鳞缘亦前后连缀成数条黑色细纵纹，黑黄相间的细纵纹直达尾末。腹面浅黄白色。背鳞通身17行，中央7~15行起棱。

生活习性

半水生，一般生活于山溪中，喜潜伏岩石、砂砾及腐烂植物下。

保护等级

中国生物多样性红色名录等级为无危（LC）。

挂墩后棱蛇

Opisthotropis kuatunensis

 科

游蛇科 Colubridae

 属

后棱蛇属 *Opisthotropi*

背面橄榄棕色或棕黄色，自颈至尾有不太明显的黑色纵纹；腹面黄白色，尾下鳞有云斑。

形态特征

体型小，全长 0.5m 左右。头较小，略宽扁，与颈区分不太明显；眼小；鼻孔侧仰位。上唇鳞 13~16 枚，后几枚常横分为 2 片，唇边尚有小鳞片；颊鳞 1 枚，眶前鳞和眶后鳞均为 2 枚；前颞鳞 1 枚（部分个体 2 枚），后颞鳞 2 枚（部分个体为 3 枚）；背鳞均为 19 行，起强棱，外侧弱棱；腹鳞 150~168 枚；肛鳞 2 枚；尾下鳞 62~65 对。

生活习性

生活于高山山涧流水中或林下溪流中，半水栖；夜间活动，白天潜于水底石缝中。食蚯蚓、蛙卵。

保护等级

中国生物多样性红色名录等级为无危（LC）。

棕黑腹链蛇

Hebius sauteri

科

游蛇科 Colubridae

属

东亚腹链蛇属 *Hebius*

形态特征

体型小，无毒，体长达 70cm 以上。体色为黄褐色、红褐色至褐色，腹面为白色或淡黄色。上唇有一白色的条纹向右后方延伸至颈部背面，且呈倒"V"字形，至颈部背面转为黄色。身上有点状细斑连成一条纵线。

生活习性

广泛分布于我国台湾 1000m 以下低海拔山区、丘陵、草原、垦地、树林中，数量较多。卵生。

保护等级

中国生物多样性红色名录等级为 LC（无危）。

横纹斜鳞蛇

Pseudoxenodon bambusicola

🔵科
游蛇科 Colubridae

🔵属
斜鳞蛇属 *Pseudoxenodon*

形态特征

体型中小，全长 610~657mm。头颈区分明显。体、背、腹略扁平。上唇鳞 8 枚，个别为 7 枚或 6 枚；颊鳞 1 枚；眶前鳞 1 枚（部分个体为 2 枚），眶后鳞 3 枚（部分个体为 2）；前颞鳞 2 枚（部分个体为 1 枚），后颞鳞 2 枚（部分个体为 1 枚或 3 枚）；背鳞中段 19 行，起棱，前段斜行排列；腹鳞 128~145 枚；肛鳞 2 枚；尾下鳞 43~59 对。

背面紫灰色或淡棕灰色、黄褐色、黑褐色、浅黑灰色，自颈至尾有黑褐色横斑，体前的横斑环绕整个腹部，体后的横斑仅延至腹侧，横斑间有黑网状线纹；尾背有 1 条浅色脊线，两侧各有 1 条黑纵纹。头背前部有 1 个黑色弧形斑，经眼伸达口角，起自额鳞后缘有 1 个显眼的箭状黑斑，斑左右沿颈向后延伸与体背第一个横斑相接，唇部黄白色。腹面黄白色或灰白色，前部有褐色横斑，后部及尾下有许多褐色斑点。

生活习性

普遍生活于海拔 420~850m 的山区，常见于森林、竹林、草坡、溪边、道旁。食蛙、蜥蜴。卵生。

保护等级

中国生物多样性红色名录等级为无危（LC）。

草腹链蛇

Amphiesma stolatum

科

游蛇科 Colubridae

属

腹链蛇属 *Amphiesma*

形态特征

具腹链，体型中小，无毒。头大小适中，与颈可以区分，头部和颈部多为棕黄色，部分个体为红色或灰色。体背棕褐色，背侧各具1条浅色纵纹。典型个体2条纵纹间具多数黑横纹，凡横纹与纵纹相交处都具1个白色点斑。腹面白色，体前段腹鳞外侧多具黑褐色点斑，前后连缀成不甚明显的链纹；尾腹白色无斑。

生活习性

栖息于沿海低地至海拔1880m的平原、丘陵、以及低山地区，在河边、山坡、路旁、耕地、谷草堆、院内、住屋附近，甚至树上都有发现，常在稻田或其他静水水域中游泳，或停靠在田埂、草丛上伺机捕食。主要捕食蛙类、鱼类等。

保护等级

中国生物多样性红色名录等级为无危（LC）。

黄链蛇

Lycodon flavozonatus

科

游蛇科 Colubridae

属

白环蛇属 *Lycodon*

形态特征

体型中小，无毒，攻击性强。头较宽且甚扁，与颈可区分；吻较前突且宽圆。颊鳞1枚，不入眶；眶前鳞1枚或2枚，眶后鳞2枚。头背黑色，头部和背部大鳞间的鳞沟呈黄色，形成头背细网纹。枕部具1个倒"V"形黄斑。体、尾背面黑色，具约等距排列的黄色细横纹，横纹宽约占半枚鳞长，在体侧D5或D6处分叉达腹鳞。腹面污白色。背鳞中段17行，中段中央5~9行具弱棱。

生活习性

生活于山区森林，靠近溪流、水沟的草丛、矮树，偏树栖；傍晚开始活动，夜晚最为活跃。主要以蜥蜴为食，也吃爬行动物的卵。

保护等级

中国生物多样性红色名录等级为无危（LC）。

赤链蛇

Lycodon rufozonatus

🔵**科**
游蛇科 Colubridae

🔵**属**
白环蛇属 *Lycodon*

形态特征

体型中小，无毒。头宽扁，头颈略能区分；眼小，瞳孔直立椭圆形。背鳞平滑无棱；身体呈黑褐色，有红色窄横斑；颊鳞窄长，常入眶。头背黑色，鳞缘红色，枕部有红色倒"V"字形斑，有时不明显。腹面灰黄色，腹鳞两侧杂以黑褐色点斑。

生活习性

生活于丘陵、山地、平原、田野村舍及水域附近；一般在 11 月下旬入蛰冬眠；性较凶猛；多于傍晚活动。

保护等级

中国生物多样性红色名录等级为无危（LC）。

黑背白环蛇

Lycodon ruhstrati

科
游蛇科 Colubridae

属
白环蛇属 *Lycodon*

形态特征

体型中小，无毒，攻击性强。头较宽且甚扁，与颈可区分；吻较前突且宽圆。颊鳞 1 枚，不入眶；眶前鳞 1 枚，眶后鳞 2 枚；上唇鳞 8 枚，下唇鳞 9 枚；头背黑褐色或褐色，具污白色横斑。体、尾背面黑褐色，横斑宽占 1~2 枚背鳞，在体侧变宽，其上往往散布多数褐色斑；背鳞中段 17 行（部分个体为 19 行），中央 3~11 行起棱。腹面污白色，不具横斑纹，腹面具微弱侧棱。

生活习性

生活于海拔 400~1000m 的山区和丘陵地带，常于林中灌丛、草丛、田间、溪边、路旁活动。以蜥蜴、壁虎、昆虫等为食。

保护等级

中国生物多样性红色名录等级为无危（LC）。

玉斑锦蛇

Euprepiophis mandarinus

科
游蛇科 Colubridae

属
玉斑蛇属 *Euprepiophis*

形态特征

体型中等，无毒。头颈区分不明显，头背黄色，具3条黑色横斑：第1条横跨吻背；第2条横跨两眼，在眼下分2支，分别达口缘；第3条呈倒"V"字形，其尖端始自额鳞，左右支分别斜经口角达喉部。体、尾背面黄褐色、灰色或浅红色。正背具1行大的黑色菱形斑，其中央和外侧缘为黄色。腹面灰白色或污白色，具100余个交错排列的黑色略呈长方形斑，大多占半枚腹鳞长、1枚腹鳞宽，个别左右相连横跨腹面。

生活习性

栖息于海拔300~1500m的平原山区林中、溪边、草丛，也常出没于居民区及其附近。以小型哺乳动物为食，也吃蜥蜴。

保护等级

中国生物多样性红色名录等级为近危（NT）。

紫灰锦蛇

Elaphe porphyracea

 科
游蛇科 Colubridae

属
锦蛇属 *Elaphe*

形态特征 ——

头背部有 3 条黑色带纹，纵向后伸，中间 1 条起自鼻间，止于鳞末端，另两条起自跟后，一直延伸到尾部。体尾背面有 10 多条形如马鞍形的淡黑色横斑，每个横斑有 3~5 个鳞片宽。背部紫铜色，腹部玉白色。

生活习性 ——

生活于海拔 200~2400m 山区的林缘、路旁、耕地、溪边及居民点。以小型啮齿类动物为食。

保护等级 ——

中国生物多样性红色名录等级为无危（LC）。

黑眉锦蛇

Elaphe taeniura

科

游蛇科 Colubridae

属

锦蛇属 *Elaphe*

形态特征

体型中大，无毒。头颈可区分；头背黄绿色或略带灰褐色；上下唇及头腹米白色或浅黄色；眼后具 1 条明显的粗黑纹（因此得名）。体、尾背面黄绿色、灰色，前段具黑色梯纹或断离成多个蝶形纹，后段体侧黑色，延伸至尾末；体后段黑色处具较规则的白横纹，尾侧无此横纹。体、尾腹面灰白色或略带淡黄色，两侧黑色。该种分布广，体色和色斑差异大，有若干亚种分化。

生活习性

一般生活于高山、平原、丘陵、草地、田园及村舍附近，也常在稻田、河边及草丛中活动；善攀爬，行动敏捷。

保护等级

中国生物多样性红色名录等级为易危（VU）。

王锦蛇

Elaphe carinata

科
游蛇科 Colubridae

属
锦蛇属 *Elaphe*

形态特征

体型中大，无毒。头、背黑黄相杂，边缘黑色，中央黄色，前额有似"王"字样的黑纹。幼体色斑相差甚大。体背鳞片的四周黑色，中央黄色，体前部具有黄色横斜纹，体后部横纹消失，其黄色部分似油菜花瓣，故有名"油菜花者"；腹面黄色，具黑色斑。

生活习性

常于山地、丘陵的杂草荒地发现，平原地区也有分布；行动迅速而凶猛。

保护等级

中国生物多样性红色名录等级为易危（VU）。

绞花林蛇

Boiga kraepelini

 科
游蛇科 Colubridae

 属
林蛇属 *Boiga*

形态特征

体型中等，全长 810~1500mm。头大颈细，头颈区分明显；眼较大，眼后至口角有褐色斑纹。瞳孔椭圆；吻端至前额鳞后缘有短黑纵纹，上唇鳞 8 枚或 10 枚；眶前鳞 2 枚（部分个体为 3），眶后鳞 1 枚（部分个体 2 或 3 枚）；颞鳞小。背鳞光滑斜行，背鳞中段 21 行（部分个体为 23 行或 25 行），脊鳞不明显扩大；腹鳞 227~243 枚；肛鳞 2 枚；尾下鳞 112~154 对。体背面棕色、褐灰色或赤褐色，背中线饰有黑色或黑褐色大斑，大斑两侧还有交错排列的各 1 行小斑；腹面暗白色或黄褐色，饰以不规则斑纹。

生活习性

生活于山区灌丛中，营树栖生活。食小型鸟类、蜥蜴类。卵生，每次产卵约 14 枚。

保护等级

中国生物多样性红色名录等级为无危（LC）。

繁花林蛇

Boiga kraepelini

科
游蛇科 Colubridae

属
林蛇属 *Boiga*

形态特征

体型细长，全长 70~90cm，略侧扁；有微毒。头大，略呈三角形；头顶有成对大鳞片，两侧有黑线 2 条；眼后到口角也有黑线，颈细。背面红褐色，背鳞显著扩大。体尾背面有 3 行粗大的黑斑数十个，其间还有较小的黑斑，大黑斑往往交错排列；体最外侧另有一行黑褐斑。腹面灰黄，每一腹鳞有 2~4 个褐色斑。

生活习性

生活在山区的灌丛树林上。以鸟、蜥蜴为食。被掠动时颈弯成"S"形，以待攻击。

保护等级

中国生物多样性红色名录等级为无危（LC）。

翠青蛇

Cyclophiops major

ⓢ **科**
游蛇科 Colubridae

ⓟ **属**
翠青蛇属 *Cyclophiops*

形态特征

体型中小，无毒。全长 1000mm 左右，身体绿色。吻端窄圆；鼻孔卵圆形；瞳孔圆形。背平滑无棱，仅雄性体后中央 5 行鳞片偶有弱棱，通体 15 行。半阴茎不分叉；精沟不分叉，精沟外翻态走向为稍外斜到顶，萼片大，背有弱小刺；半阴茎外翻态近柱形。卵呈卵圆形，橙黄色，幼蛇身体带有黑色斑点。

生活习性

栖息于中低海拔的山区、丘陵和平地，常于草木茂盛或荫蔽潮湿的环境中活动。不论白天晚上都会活动，但白天较常出现。动作迅速而敏捷，性情温和，不攻击人；在野外见到不明物体时会迅速逃走。野生个体以蚯蚓、蛙类及小昆虫为食。

保护等级

中国生物多样性红色名录等级为无危（LC）。

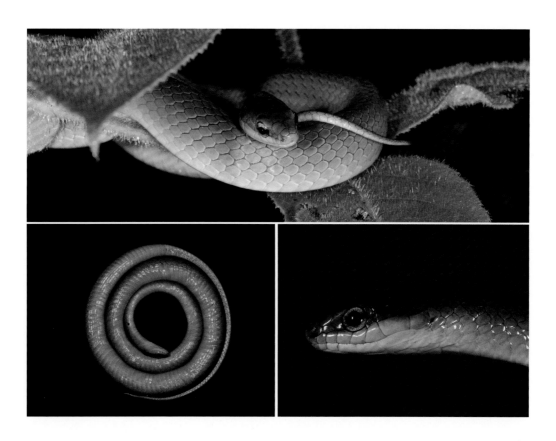

乌梢蛇

Ptyas dhumnades

科
游蛇科 Colubridae

属
鼠蛇属 *Ptyas*

形态特征

体型中大，无毒。瞳孔圆形。背中央 2~4 行鳞起棱；背面绿褐色或棕黑色，背侧两条黑纹纵贯全身。成体黑纵纹在体前段明显；前段背鳞鳞缘黑色，形成网状斑纹。前段腹鳞多呈黄色或土黄色，后段由浅灰黑色渐变为浅棕黑色。幼体背部多呈灰绿色，有 4 条黑纵纹纵贯躯尾。

生活习性

生活于我国平原、丘陵地带，也可分布到海拔 1570m 的高原地区，5~10 月常见于农耕区水域附近活动。

保护等级

中国生物多样性红色名录等级为无危（LC）。

灰鼠蛇

Ptyas korros

🄯 **科**
游蛇科 Colubridae

🄯 **属**
鼠蛇属 *Ptyas*

各鳞前后相连，缀成深浅相间的纵纹。唇缘及腹部浅黄色。体后及尾部的背鳞鳞缘色深，相互交织成细网纹状。近尾部的腹鳞及尾下鳞两侧缘为黑色。

生活习性

生活于海拔 500m 左右的山区丘陵及平原地区，常出没于草丛、灌丛、水稻田边、河边、沟边及石堆等处，并常发现于灌丛或树上。

形态特征

体型中大，无毒，体细长，一般 1m 左右。头及体背灰黑色、黑褐色或灰棕色。

保护等级

中国生物多样性红色名录等级为近危（NT）。

滑鼠蛇

Ptyas mucosa

 科
游蛇科 Colubridae

属
鼠蛇属 *Ptyas*

形态特征

体型中大，无毒，体长而粗大。头较长，头背黑褐色；眼大而圆，瞳孔圆形；唇鳞淡灰色，后缘黑色。体背棕色，体后部由于鳞片的边缘或半片鳞片为黑色而形成不规则的黑色横斑，横斑至尾部呈网纹。腹面黄白色，腹鳞后缘黑色。

生活习性

生活于平原及山地或丘陵地区，亦可分布于海拔 2000m 左右的山地；多于白天在近水的地方活动。

保护等级

中国生物多样性红色名录等级为濒危（EN）；福建省级重点保护野生动物。

紫棕小头蛇

Oligodon cinereus

科
游蛇科 Colubridae

属
小头蛇属 *Oligodon*

唇鳞 8 枚（部分个体 7~9 枚），前 3 枚（部分个体 4 枚）接前额片；额片 2 对。背鳞中段 17 行；腹鳞 153~174 枚；肛鳞完整；尾下鳞 31~43 对。身体、尾部、背部的部分鳞沟呈黑色而缀成略似细波浪状横纹。身体、尾部、背部和面部呈紫褐色，由于部分背鳞的沟部呈黑色，形成了多数按等距排列的黑褐色横纹；腹面黄白色。与台湾小头蛇的区别是本种头背无斑。

形态特征

头较小，与颈区分不明显；吻鳞从头背可见甚多；头背无斑；颊鳞 1；眶前鳞 1 或 2，眶后鳞 2；前颞鳞 1 枚（部分个体为 2 枚），后颞鳞 2 枚（部分个体为 1 枚）；上唇鳞 8 枚，少数 7 枚，个别一侧 6 枚；下

生活习性

常栖息于平原及山区。以爬行动物的卵为食。

保护等级

中国生物多样性红色名录等级为无危（LC）。

中国小头蛇

Oligodon chinensis

科
游蛇科 Colubridae

属
小头蛇属 Oligodon

形态特征

体型中小，无毒。头较小，与颈区分不明显；吻鳞较大，弯向头背；头背具 2 个黑褐色斑：前者弧形，从吻背经眼斜达第 5、第 6 上唇鳞，有的个体弧形前端尖出略呈三角形；后者倒 "V" 字形，两边斜达颈侧。通身背面褐色或灰褐色，具约等距排列的黑褐色横斑纹 14~20 条，每 2 条横斑之间常具 1 条黑色细横纹；有的个体背脊具 1 条红色或黄色脊纹。腹面淡黄色，散布左右较对称的略呈方形的黑色小斑；腹鳞具侧棱，侧棱处色白；有的幼体腹面偏后段中间具 1 条红线。

生活习性

生活于山区、平原的草坡或灌丛中，甚至接近民居。主要以蜥蜴、壁虎为食。

保护等级

中国生物多样性红色名录等级为无危（LC）。

银环蛇

Bungarus multicinctus

科
眼镜蛇科 Elapidae

属
环蛇属 *Bungarus*

形态特征

中型前沟牙类毒蛇；体圆柱形，尾短，末端略尖细。头椭圆且略扁，与颈略可区分；吻端圆钝；鼻孔较大；眼小，瞳孔圆形。背鳞平滑，通身15行，脊鳞扩大呈六边形，肥胖个体脊部棱脊不明显。头背黑色或黑褐色，枕及颈背具污白色的倒"V"字形斑，有的个体不明显。体、尾背面具黑白相间的环状斑纹，通身白环宽度皆明显小于相邻黑环宽度。腹面污白色，散布灰色碎斑。

生活习性

栖息范围广泛，山区、丘陵、平原均可见其踪影。夜晚到水源地附近捕食鱼、蛙、蛇、蜥蜴，以及小型啮齿动物等。

保护等级

中国生物多样性红色名录等级为易危（VU）。

舟山眼镜蛇

Naja atra

 科
眼镜蛇科 Elapidae

 属
眼镜蛇属 *Naja*

形态特征

颈背可见"双片眼镜"状斑纹，部分个体"眼镜"状斑纹不规则或不显。体色一般呈黑褐色或暗褐色，背面有或无白色细横纹，幼蛇多有之，随年龄增长渐模糊不清甚至全无；腹面前段污白色，后部灰黑色或灰褐色。典型斑纹是在腹面前段基色浅淡的基础上，大约在第 10 枚腹鳞前后有一道 3~4 枚腹鳞宽的灰黑横纹，在此横纹之前数枚腹鳞两侧各有一粗大黑点斑。

生活习性

栖息于海拔 70~1630m 的平原、丘陵和低山，常见于农田、灌丛、溪边等地；多于白昼活动；春秋两季多在洞穴附近活动，而夏季及秋初则扩散到田野、河滨、沟旁、稻田、菜园、路侧，甚至进入房屋；活动高峰在 5 月、6 月及 11 月，交配和蜕皮的旺季在 5~6 月。

保护等级

中国生物多样性红色名录等级为易危（VU）；福建省级重点保护野生动物。

眼镜王蛇

Ophiophagus hannah

 科
眼镜蛇科 Elapidae

 属
眼镜王蛇属 *Ophiophagus*

形态特征

世界上最大的前沟牙类毒蛇，平均体长为 3~4m，体重为 6kg；在二次世界大战爆发之前，伦敦动物园里甚至收藏了一只长 5.6m 的个体。体色通常为黑色、米黄色、褐色、灰色等，身上还长有浅黄色的环纹；灰褐色背面，有白色和黑色环带 40~54 个，也有不具环带的；腹面灰褐色；背鳞边缘黑色；幼体一般长有亮丽的黑色与白色的花纹（可能会与金环蛇混淆，可凭其能伸缩的颈部来分辨）。雄性体型一般比雌性大。它们的寿命为 20 年左右。虽然外型很像其近亲眼镜蛇，但它既不是眼镜蛇属，也不是王蛇属，而是独

立的眼镜王蛇属，不过与眼镜蛇一样属于眼镜蛇科。两者的区别主要在于体型及颈部斑纹，体积也比一般眼镜蛇要大，而且前者的颈部斑纹是呈汉字"八"字形，而不是一般眼镜蛇的单眼或双眼圈纹。幼蛇斑纹与成体有差异，主要是吻背和眼前有黄白色横纹，身体黑色，有 35 条以上的浅黄色或白色横纹，背部 15 行，雄蛇腹部 235~250 行、尾部 83~96 行，雌蛇腹部 239~265 行、尾部 77~89 行。

生活习性

生活于沿海低地、丘陵至海拔 1800m 山区，水源丰富、林木茂盛的地方，可攀缘上树，常出现在近水的地方或隐匿于石缝、洞穴中。以捕食蛇类为主，也可捕食鸟类与鼠类、蜥蜴等。主要在白天活动，性情凶猛，行动矫捷灵敏，对四周的事物非常敏感。受惊扰时，常竖立起前半身，颈部平扁略扩大，作攻击姿态，并发出"呼呼"声。

保护等级

中国生物多样性红色名录等级为易危（VU）；国家二级保护野生动物；福建省级重点保护野生动物。

尖吻蝮

Deinagkistrodon acutus

科 蝰科 Viperidae

属 尖吻蝮属 *Deinagkistrodon*

形态特征

头侧具颊窝的中大型管牙类毒蛇，体粗壮，尾短且较细。头大，呈三角形，与颈区分明显；吻尖上翘（因此得名）；头背黑褐色，9块大鳞前置，对称排列。体、尾背面灰褐色或棕褐色，身体两侧具纵列黑褐色的三角形大斑，底边与体轴平行，两腰线清晰，中间色浅，三角形顶角常在脊部相接，从正上方俯视，可见浅色区域呈现菱形；亦有顶角不相接而交错排列者，则浅色区域不呈菱形。腹侧具一纵列圆形黑斑，位于三角形大斑下方，约等距排列；腹面白色，有交错排列的灰褐色斑。幼体色浅，且常偏红色。

生活习性

栖息于海拔200~1400m的山丘高山岩缝中或杂草丛中，深山水沟边最多，偶尔也进入山区村宅，出没于厨房与卧室之中，炎热天气，进入山谷溪流边的岩石、草丛、树根下的阴凉处度夏，冬天在向阳山坡的石缝及土洞中越冬。

保护等级

中国生物多样性红色名录等级为易危（VU）。

短尾蝮

Gloydius brevicaudus

科 科
蝰科 Viperidae

属 属
亚洲蝮属 *Gloydius*

形态特征

头侧具颊窝的中小型管牙类毒蛇，体略粗，尾短。头略呈三角形，与颈区分明显；头背大鳞前置，约占头背面积的一半；头背具左右对称的深色斑，略呈"八"字形；头腹前部具1对黑色或肉红色长形斑，位于颔片和下唇鳞之间。通身青百黄褐色、灰褐色、黑褐色或肉红色；身体两侧各具1行大圆斑，圆斑边缘色深，中间色浅，近腹侧常不闭合，形近马蹄，圆斑在脊部交错或并列，少数融合；体侧近腹面具不规则深色斑，略呈星状。腹灰白色，密布黑褐色、灰褐色或肉红色点斑；中后段更密，甚至全黑。尾腹后段黄色，尖端常黑。

生活习性

栖息于海拔1100m以下的平原、丘陵和低山，常见于灌草丛、乱石堆、稻田、沟渠、耕地、路边等，凡是有能供其隐蔽及有摄食对象的场所，都可发现它们。

保护等级

中国生物多样性红色名录等级为近危（NT）。

原矛头蝮

Protobothrops mucrosquamatus

科
蝰科 Viperidae

属
原矛头蝮属 *Protobothrops*

形态特征

头侧具颊窝的中型管牙类毒蛇。头呈三角形，与颈区分明显，头被小鳞；头背棕褐色，具略呈倒 "V" 字形的暗褐色斑；唇缘色稍浅，自眼后至颈侧具 1 条暗褐色纵纹；头腹色白。体、尾均较细长，背面棕褐色或红褐色，正背具 1 行镶浅黄色边的粗大、逗点状暗紫色斑，斑周缘色较深。体侧各具 1 行暗紫色斑块。腹面浅褐色，前段色浅，后段色较深。每枚腹鳞具深棕色细点组成的斑块若干，整体上交织成深浅错综的网纹。

生活习性

栖息于海拔 2200m 以下的平原、丘陵和山区，常见于地势较平坦的竹林、茶山和溪边，也到居民耕作地、住宅附近的草丛、垃圾堆、柴草、石缝间活动。喜爱捕食家鼠，也吃鸟、蛙、蛇及昆虫。

保护等级

中国生物多样性红色名录等级为无危（LC）。

白唇竹叶青蛇

Trimeresurus albolabris

 科
蝰科 Viperidae

 属
竹叶青蛇属 *Trimeresurus*

形态特征

体长 60~75cm，尾长 14~18cm。头呈三角形，其顶部为青绿色；颈部明显；瞳孔垂直，呈红色。体背为草绿色，有时有黑斑纹，且两黑斑纹之间有小白点，最外侧的背鳞中央为白色，这些中央为白色的背鳞从颈部开始向后延伸，相互连接，最终在蛇体上形成了一条清晰的白色纵线；有的在白色纵线之下伴有一条红色纵线；有

的是双条白线，再加红线，亦有少数个体为全绿色。腹面为淡黄绿色，各腹鳞的后缘
为淡白色，尾端呈焦红色。

生活习性

一般栖息于有草或矮灌木丛的平原、丘陵低海拔 900~1000m 的地区，山间盆地的杂
草或灌木丛中、住宅附近。

保护等级

中国生物多样性红色名录等级为无危（LC）。

福建竹叶青蛇

Trimeresurus stejnegeri

科

蝰科 Viperidae

属

竹叶青蛇属 *Trimeresurus*

形态特征

头侧具颊窝的中小型管牙类毒蛇。头呈三角形，与颈区分明显；头背密布小鳞，头背绿色；上唇稍浅，下唇和头腹浅黄绿色；颌片1对，呈"爱心"形；眼黄色、橘色或橘红色。通身背面以绿色为主，背鳞间皮肤黑灰色，有时可见黑灰相间的横带，体、尾腹面浅黄绿色或浅绿色。体中段背鳞21行，除最外行平滑外，其余均具棱。尾具缠绕性，尾背及尾末段焦红色。

生活习性

活动适宜温度在22~32℃，具攻击性，有剧毒，常于夜晚在沟边摄食，食蛙、蝌蚪、蜥蜴、鸟及小型兽类。

保护等级

中国生物多样性红色名录等级为无危（LC）。

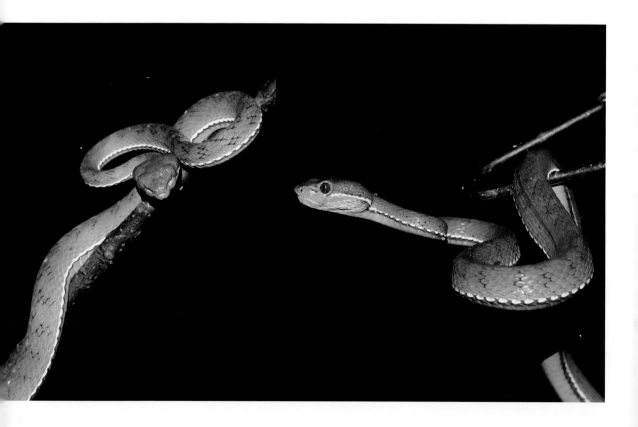

台湾烙铁头蛇

Ovophis makazayazaya

 科
蝰科 Viperidae

 属
烙铁头蛇属 *Ovophis*

形态特征

头大，呈三角形，与颈区分明显；吻钝；有颊窝；具管牙；眼后到口角后方有浓黑褐色条纹；颈部有"V"字形黄色或带白色的斑纹。体背面棕褐色，有两行近方形黑褐色斑，色斑左右交错排列，有时连成城垛状斑纹；生活时背面淡褐色，背部及两侧有带紫褐色而不规则的云彩状斑；腹面紫红色，腹鳞两侧有带紫褐色的半月形斑。

生活习性

常栖息于海拔 315~2600m 的山区中，适应于各种环境，包括森林、灌丛和草地，更喜欢山地石漠化地区，便于隐藏避难。

保护等级

中国生物多样性红色名录等级为无危（LC）。

蟒

Python bivittatus

 科
蟒科 Boidae

 属
蟒属 *Python*

形态特征

一般体长 3~4m，最长有 6~7m，无毒。头较小，与颈可区分；吻端较窄且略扁；鼻孔开于鼻鳞上部；部分上唇鳞和下唇鳞有唇窝（热测位器官）；头、颈背面具暗褐色"子"字形斑，该斑两侧具较规则的尖端朝前的倒"V"形斑，外侧伴以黑纹，覆盖眼部；自眼向后下方还有 2 条黑纹分别达唇缘和口角。泄殖孔两侧有爪状后肢残迹，雄性较为明显。体背棕褐色或灰褐色，体背和两侧具镶黑边的"云豹"斑纹，斑纹间色浅形成肉纹。腹面黄白色。

生活习性

栖息在低海拔热带及亚热带雨林、山地、灌木丛中。善于攀爬和游泳，可以长时间潜伏水中只露出鼻孔，伏击前来饮水的动物；当气温下降时会在洞穴中冬眠。以哺乳类、鸟类和爬行动物为食。

保护等级

中国生物多样性红色名录等级为濒危（EN）；国家二级保护野生动物。

有尾目
URODELA

东方蝾螈
Cynops orientalis

科
蝾螈科 Salamandridae

属
蝾螈属 *Cynops*

形态特征

雄螈全长 61~77mm，雌螈全长 64~94mm，雄、雌螈尾长分别为头体长的 79% 和 82% 左右。头部扁平，头长明显大于头宽；吻端钝圆；鼻孔近吻端；唇褶显著；头背面两侧无棱脊，无囟门，犁骨齿列呈倒 "V" 字形。躯干圆柱状。尾侧扁，背、腹鳍褶较平直，尾末端钝圆。体背面满布痣粒及细沟纹；背脊扁平，枕部 "V" 字形隆起不清晰，体背中央脊棱弱，无肋沟；咽喉部痣粒不显，颈褶明显，胸腹部光滑。四肢细长，前、后肢贴体相对时，指、趾端相互重叠，掌、蹠突微显；前足 4 个指，后足 5 个趾，均无缘膜，基部无蹼。体背面黑色显蜡样光泽，一般无斑纹。腹面橘红色或朱红色，有黑斑点。肛前半部和尾下缘橘红色；肛后半部黑色或边缘黑色。雄螈肛部肥肿状，肛孔纵长，内壁后部有突起；雌螈肛部呈丘状隆起具颗粒疣，肛孔短圆，肛内无突起。卵呈圆形，直径 2mm，动物极棕红色，植物极米黄色；卵外胶囊呈椭圆形，短径为 3mm 左右，长径为 4.5mm 左右；刚孵出幼体全长 10~12mm，有 3 对羽状外鳃和一对平衡肢。

生活习性

生活于海拔 30~1000m 的山区，多栖于有水草的静水塘、泉水凼和稻田及其附近；成螈白天静伏于水草间或石下，偶尔浮游到水面呼吸空气。主要捕食蚊蝇幼虫、蚯蚓及其他水生小动物。每年 3~7 月繁殖，5 月为繁殖高峰期，雌、雄性比为 1 ：（1.5~2）；雌螈多次产卵，每次 1 粒，每天产 1~5 粒；卵单粒黏附在水草叶片间；每尾雌螈年产卵 100 粒左右，最多产 283 粒；幼体当年完成变态，6~8 月可在野外见到幼螈。

保护等级

中国生物多样性红色名录等级为无危 (LC)。

黑斑肥螈

Pachytriton brevipes

 科

蝾螈科 Salamandridae

属

肥螈属 *Pachytriton*

形态特征

体型肥壮，雄螈全长 155~193mm，雌螈全长 160~185mm，雄、雌螈尾长分别为头体长的 80% 和 95% 左右。头部略扁平，头长大于头宽；吻端钝圆，头侧无棱脊；唇褶发达；无囟门，犁骨齿列呈倒 "V" 形。躯干粗壮，背腹略扁平。尾前段宽厚而粗圆，后半段逐渐侧扁，末端钝圆。背面皮肤光滑，枕部多有 "V" 形隆起，背脊部位不隆起呈浅纵沟，肋沟 11 条，体、尾两侧有横细皱纹；咽喉部常有纵肤褶，颈褶显著，体腹面光滑无疣。四肢较短，前、后肢贴体相对时，指、趾端间距超过后足的长度；前足 4 个指，后足 5 个趾，第 5 趾明显短小，趾侧膜较宽。体背面及两侧浅褐色或灰黑色，腹面橘黄色或橘红色，周身满布褐黑色或褐色圆点，圆点多少、大小及疏密有个体差异。雄螈肛部显著肥肿，肛孔纵长，内壁有乳突；雌螈肛部略隆起，肛孔短，无乳突。卵粒乳白色，圆球形，直径 4.5mm；胶囊外径 7.5mm 左右。幼体全长 50mm 时，尾鳍褶始自尾基部而平直；全长 70mm 时，已完成变态发育，皮肤光滑或粗糙。

生活习性

生活于海拔 800~1700m 的大小山溪内；成螈以水栖为主，白天常隐于溪内石块下或石隙间。主要捕食蜉蝣目、双翅目、鞘翅目等昆虫及其他小动物。生活时皮肤可分泌大量黏液，发出似硫磺气味。繁殖季节在 5~8 月，雌螈产卵 30~60 粒，黏附在流速缓慢的山溪内石块下；卵群呈片状，长 × 宽为40cm × 25cm。

保护等级

中国生物多样性红色名录等级为无危（LC）。

福建掌突蟾

Paramegophrys liui

科
角蟾科 Megophryidae

属
掌突蟾属 *Leptobrachella*

形态特征

雄蟾体长 23~29mm，雌蟾体长 23~28mm。头长宽几乎相等；吻高，吻端钝圆；瞳孔纵置；鼓膜圆而清晰，有耳柱骨；上颌齿发达，无犁骨齿。皮肤较光滑或有小疣粒，在肩基部上方有一个白色圆形腺体，肛部侧上方有一对称圆形腺体；腹面光滑，腋腺大，股后腺略大于趾端，距膝关节较远；腹侧有白色腺体排成纵行。前肢较粗，内

掌突大而圆，位于第 1、2 指基部；后肢适中，前伸贴体时胫跗关节前达眼，趾侧缘膜甚宽，趾基部具蹼迹。体背面灰棕色或棕褐色，两眼间有深色三角斑；肩上方有"W"字形斑，上臂和胫跗关节部位浅棕色；胸腹部一般无斑点，腹侧有白色腺体排列成纵行。第 31~34 期蝌蚪全长 52mm，头体长 17mm 左右，尾长为体长的 201% 左右；体两侧皮肤鼓胀成气囊状；体浅棕色，尾部几乎无斑或略显灰色云斑；唇缘宽，周缘具乳突，仅下唇中央向内凹陷，口角处无副突。

生活习性

生活于海拔 730~1400m 山溪边的泥窝、石隙或落叶下，白天隐藏在阴湿处，夜间栖于溪边石上或竹枝以及树叶上鸣叫，音大而尖；蝌蚪在流溪缓流处或急流回水凼岸边石隙间或水凼内腐叶下，底栖，受惊扰后尾部强烈摆动形成水花，并迅速潜逃于深水石下。

保护等级

中国生物多样性红色名录等级为无危 (LC)。

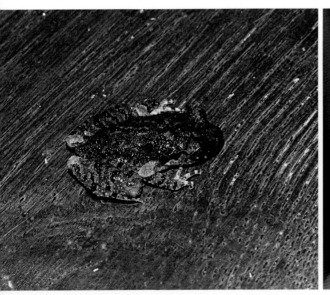

淡肩角蟾

Megophrys boettgeri

 科

角蟾科 Megophryidae

 属

角蟾属 *Megophrys*

形态特征

雄蟾体长 36~42mm，雌蟾体长 44mm 左右。头扁平，头长与头宽几乎相等；吻部呈盾形，明显突出于下唇，吻棱角状，颊部垂直；鼓膜不甚明显，有耳柱骨；上颌有齿；无犁骨棱和犁骨齿。皮肤较光滑，头顶和头侧小疣密集；背部有小疣粒和浅色半圆斑；体侧有纵肤棱及疣粒；腋腺位于胸侧，股后腺较小。前肢较细，前臂及手长不到体长之半；后肢较短，前伸贴体时胫跗关节达眼后角至鼓膜，胫长不到体长的一半，左右

跟部不相遇；趾侧无缘膜，趾间无蹼；第1、2趾基部有关节下瘤。体背面一般为褐色或棕褐色，两眼间有深褐色三角形斑，肩上方浅色圆斑略显或不明显；前后肢有 2~3 条黑褐色横纹。雄性第1、2指背面有婚刺，有单咽下内声囊，无雄性线。卵径 2.2mm，乳黄色。第 36 期蝌蚪全长 46mm，体长 14mm，尾长为头体长的 229% 左右；口部呈漏斗状；体尾较细长，尾肌发达，上下尾鳍几乎相等，尾末端钝尖尾部斑点稀少；头体背面褐色。

生活习性

生活于海拔 500~1600m 的山区流溪及其附近，所在环境植被繁茂，阴暗潮湿，溪水清澈；成蟾多栖于平缓溪段两旁山坡林间，5~6 月的雨后夜间活动频繁；蝌蚪多生活于山溪上游的缓流水凼内，常隐匿在石缝或岸边碎石间以及水草叶片下。繁殖季节在 5 月底至 7 月，雌蟾产卵 245~289 粒，卵产在溪内石下。

保护等级

中国生物多样性红色名录等级为无危 (LC)。

黑眶蟾蜍

Duttaphrynus melanostictus

形态特征

雄蟾体长 72~81mm，雌蟾体长 95~112mm。头宽大于头长；吻圆而高；头部两侧有黑色骨质棱，该棱沿吻棱经上眼睑内侧直到鼓膜上方；瞳孔横椭圆形；鼓膜大，椭圆形，耳后腺长椭圆形，不紧接眼后；头顶部显著凹陷，皮肤与头骨紧密相连；上颌无齿，无犁骨齿。皮肤粗糙，全身除头顶外，满布瘰粒或疣粒，背部瘰粒多，腹部密布小疣，四肢刺疣较小。前臂及手长不到体长之半，指侧微具缘膜，关节下瘤单个或成对，外掌突略大于内掌突；后肢短，前伸贴体时胫跗关节达肩后，左右跟部不相遇，无股后腺，趾侧有缘膜，具半蹼，关节下瘤不显，内外跖突较小。背面多为黄棕或黑棕色，有的具不规则棕红色斑；腹面乳黄色，多少有花斑。雄蟾内侧 3 指有棕婚刺；有单咽下内声囊；无雄性线。卵径 1.3~1.5mm；动物极黑色，植物极黄棕色。第 37~38 期蝌蚪全长 21mm，体长 9mm 左右，尾长为头体长的 139%；体黑色，尾鳍色浅，均有细纹；尾肌弱，尾末端钝尖；仅两口角有唇乳突。新成蟾体长 8~10mm。

生活习性

生活于海拔 10~1700m 的多种环境内，非繁殖期营陆栖生活，常活动在草丛、石堆、耕地、水塘边及住宅附近，行动缓慢，匍匐爬行，夜晚出外觅食。以蚯蚓、软体动物、甲壳类、多足类以及各种昆虫等为食。繁殖季节因地而异，雄蟾鸣声似小鸭，雌蟾产 2 条圆管状胶质卵带，长达数米，卵粒单行或双行交错排列在带内，卵在有水草的静水塘内发育，约 60 天蝌蚪即可变成幼蟾。

保护等级

中国生物多样性红色名录等级为无危（LC）。

中华蟾蜍
Bufo gargarizans

科
蟾蜍科 Bufondae

属
蟾蜍属 *Bufo*

形态特征

雄蟾体长 79~106mm，雌蟾体长 98~121mm。头宽大于头长；吻圆而高，吻棱明显；鼻间距小于眼间距；上眼睑无显著的疣；头部无骨质棱脊；瞳孔横椭圆形；鼓膜显著，近圆形，耳后腺大呈长圆形；上颌无齿，无犁骨齿。皮肤粗糙，背部布满大小不等的圆形瘰粒，仅头部平滑；腹部满布疣粒，胫部瘰粒大。后肢粗短，前伸贴体时胫跗关节达肩后，左右跟部不相遇，无股后腺，一般无跗褶，趾侧缘膜显著，第 4 趾具半蹼。体色变异颇大，随季节而异，一般雄性背面墨绿色、灰绿色或褐绿色；雌性背面多呈棕黄色；有的个体体侧有黑褐色纵行条纹，纹上方大疣乳白色；腹面乳黄色与棕色或黑色形成花斑，股基部有一团大棕色斑，体侧一般无棕红色斑纹。雄性内侧 3 指有黑色刺状婚垫，无声囊，无雄性线。卵径 1.5mm 左右，动物极黑色，植物极棕色。第 31~35 期蝌蚪全长 30mm，头体长 12mm，尾长为头体长的 152% 左右；体和尾肌色黑，尾鳍弱而薄，色浅，尾末端钝尖；仅两口角有唇乳突。

生活习性

生活于海拔 120~900m 的多种生态环境中，除冬眠和繁殖期栖息于水中外，多在陆地草丛、地边、山坡石下或土穴等潮湿环境中栖息。黄昏后外出捕食，其食性较广，以昆虫、蚁类、蜗牛、蚯蚓及其他小动物为主。成蟾在 9~10 月进入水中或松软的泥沙中冬眠，翌年 1~4 月出蛰（南方早，北方晚），即进入静水域内繁殖。雄性前肢抱握在雌性的腋胸部，卵产在静水塘浅水区，卵群呈双行或 4 行交错排列于管状卵带内，含卵 2700~8000 粒，卵带缠绕在水草上。蝌蚪在静水塘内生活，以植物性食物为主；从卵变至成幼蟾共需 64 天左右。

保护等级

中国生物多样性红色名录等级为无危 (LC)。

中国雨蛙

Hyla chinensis

 科
雨蛙科 Hylidae

 属
雨蛙属 *Hyla*

形态特征

雄蛙体长 30~33mm，雌蛙体长 29~38mm。头宽略大于头长；吻圆而高，吻棱明显，吻端和颊部平直向下；膜圆约为眼径的 1/3；上颌有齿，犁骨齿两小团。背面皮肤光滑；颞褶细、无疣粒；腹面密布颗粒，咽喉部光滑。指、趾端有吸盘和边缘沟，指基部具微蹼；后肢前伸贴体时胫跗助关节达鼓膜或眼，左右跟部相重叠，内助褶棱起，足比胫部短，外侧 3 趾间具 2/3 蹼。背面绿色或草绿色，体侧及腹面浅黄色；一条清晰的深棕色细线纹，由吻端至颞褶达肩部，在眼后鼓膜下方有一条棕色细线纹，在肩部会合成三角形斑；体侧和股前后有数量不等的黑斑点；跗足部棕色。雄蛙第 1 指有婚垫；有单咽下外声囊，呈深色；有雄性线。卵径 1.0~1.5mm，动物极棕色、植物极乳黄色。第 30~31 期蝌蚪全长 26mm，头体长 10mm 左右，尾长约为头体长的 157%，体肥硕；眼位于头两极侧；尾肌弱、尾鳍甚高，尾末端细尖；体尾背面有两条浅色纵纹，尾鳍有色斑；唇乳突两排参差排列，仅上唇中央无乳突，口角有副突。

生活习性

生活于海拔 200~1000m 低山区，白天多匍匐在石缝或洞穴内，隐蔽在灌丛、芦苇、美人蕉，以及高秆作物上，夜晚多栖息于植物叶片上鸣叫，头向水面，鸣声连续音高而急。成蛙捕食蜻象、金龟子、象鼻虫、蚁类等小动物。9 月下旬开始冬眠，翌年 3 月下旬出蛰，多在 4~5 月间大雨后的夜晚繁殖，雌蛙一次可产卵 236~682 粒，卵群由数十至数百粒组成一群，附着在水草或池边石块上。5 月下旬可见到幼蛙。

保护等级

中国生物多样性红色名录等级为无危 (LC)。

三港雨蛙

Hyla sanchiangensis

 科
雨蛙科 Hylidae

 属
雨蛙属 *Hyla*

形态特征

雄蛙体长 31~35mm，雌蛙体长 33~38mm。头宽略大于头长；吻短圆而高，吻棱明显，吻端和颊部平直向下；颞褶细，其上无疣；鼓膜圆；上颌有齿，犁骨齿两小团。背面皮肤光滑，胸、腹及股腹面密布颗粒疣，咽喉部较少。指、趾端有吸盘和边缘沟，外侧二指间蹼较发达；后肢长，前伸贴体时胫跗关节达眼，左右跟部相重叠，内跗褶棱起，足比胫短，趾间几乎为全蹼。背面黄绿色或绿色，眼前下方至口角有一明显的灰白色斑，眼后鼓膜上、下方有两条深棕色线纹在肩部不相会合；体侧前段棕色，体侧后段和股前后及体腹面浅黄色；体侧后段及四肢有不同数量的黑圆斑，体侧前段无黑斑点；手和跗足部棕色。雄性第 1 指有深棕色婚垫；具单咽下外声囊；有雄性线。卵径 1.2mm 左右，动物极深棕色，植物极浅黄色。第 29~39 期蝌蚪全长平均 31mm，头体长 11mm 左右，尾长为头体长的 178%；体背腹面均为灰绿色，体尾侧面有一条深色纵纹，尾鳍宽，边缘有细小斑点，尾肌弱，肛孔斜开尾基右侧，尾鳍高，尾末端尖或细尖；上唇中央无唇乳突，下唇及两口角唇乳突 2 排，呈参差排列，口角处副突多。

生活习性

生活于海拔 500~1560m 的山区稻田及其附近，白天多在土洞、石穴内或竹筒内。傍晚外出捕食叶甲虫、金龟子、蚁类以及高秆作物上的多种害虫。鸣声尤以晴朗的夜晚特多，鸣叫时前肢直立，发出连续的鸣声，音低慢。蝌蚪多分散栖于水底，受惊扰后潜入稀泥之中或逃逸到隐蔽处。

保护等级

中国生物多样性红色名录等级为无危 (LC)。

小弧斑姬蛙

Microhyla heymonsi

 科

姬蛙科 Microhylidae

 属

姬蛙属 *Microhyla*

形态特征

体型小，略呈三角形，雄蛙体长 18~21mm，雌蛙体长 22~24mm。头小，头长宽几乎相等；吻端钝尖；眼间距大于上眼睑宽；鼓膜不显；无犁骨齿；舌后端圆。背面皮肤光滑散有小痣粒，枕部无肤沟或有肤沟，眼后至肩前肤沟与咽部肤沟相连，股基部腹面有较大的痣粒。指、趾端有小吸盘，背面有纵沟，掌突 3 个；后肢适中而粗壮，前伸贴体时胫跗关节达眼部，胫长超过体长之半，左右跟部重叠，趾间具蹼迹。背面颜色变异大，多为粉灰色、浅绿色或浅褐色，从吻端至肛部有一条黄色细脊线；在背部脊线上有 1 对或 2 对黑色弧形斑；体两侧有纵行深色纹；腹面肉白色，咽部和四肢腹面有褐色斑纹。雄性具单咽下外声囊，有雄性线。卵径 1.2mm 左右，动物极黑褐色，植物极乳白色。第 29 期蝌蚪全长 24mm，头体长 8mm 左右，尾长约为头体长的203%；头部和背部扁平，吻部较窄尖，体宽而高，眼位于头两极侧；尾鳍低向后渐窄，尾末段呈丝状；背面草绿色，有深色斑点，两眼间及尾中部有银白色横斑；口部无唇齿和角质颌，唇褶宽呈圆形翻领状。

生活习性

生活于 70~1515m 的山区或平地，常栖息于稻田、水坑边、沼泽泥窝、土穴或草丛中。雄蛙发出低而慢的"嘎、嘎"鸣叫声。捕食昆虫和蛛形纲等小型动物，其中蚁类占 91% 左右，其有益系数达 98%。繁殖旺季在 5~6 月，有的地区至 9 月还有产卵的；卵产于静水域中，卵群成片，含卵 106~459 粒，每年可产卵 2 次。蝌蚪集群浮游于水体表层，受惊时即潜入水下。

保护等级

中国生物多样性红色名录等级为无危（LC）。

饰纹姬蛙

Microhyla fissipes

 科
姬蛙科 Microhylidae

属
姬蛙属 *Microhyla*

形态特征

体型小，略呈三角形，雄蛙体长 21~25mm，雌蛙体长 22~24mm。头小，头长宽几乎相等；吻钝尖；眼间距大于上眼睑宽；鼓膜不显；无犁骨齿；舌后端圆。背面皮肤有小疣，枕部有肤沟或无，由眼后至胯部前方有斜行大长疣；肛孔附近有小圆疣；腹面光滑。前肢细弱，前臂及手长小于体长之半；指、趾端圆，均无吸盘，背面亦无纵沟，掌突两个；后肢粗短，前伸贴体时胫跗关节达肩部，左右跟部重叠，胫长略小于体长之半，趾间仅具蹼迹。背面颜色和花斑有变异，一般为粉灰色、黄棕色或灰棕色，其上有两个深棕色倒"V"形斑，前后排列；咽喉部色深，胸、腹部及四肢腹面白色。雄性咽喉部黑色，具单咽下外声囊；有雄性线。卵径 0.8~1.0mm，动物极棕褐色，植物极乳白色。第 30 期蝌蚪全长约 18mm，头体长 7mm 左右，尾长约为头体长的 163%；体小，头体平扁；尾肌弱，尾鳍中部较高，向后渐窄，尾末梢丝状；头体背面草绿色或灰绿色，散有深色小斑点；尾肌上、下缘及尾鳍边缘斑点较为密集；尾末端无色；体侧及腹面透明；眼位于头两极侧，口位于吻端前上方，无唇齿、角质颌和唇乳突；上唇平直，下唇呈马蹄形。

生活习性

生活于海拔 1400m 以下的平原、丘陵和山地的水田、水坑、水沟的泥窝或土穴内，或在水域附近的草丛中。雄蛙发出"嘎、嘎"的鸣叫声。主要以蚁类为食，其有益系数约为 98%。繁殖季节在 3~8 月；卵产于有水草的静水塘及雨后临时积水坑内，雌蛙每次产卵 243~453 粒，卵群单层形成片浮于水面。受精卵 24 小时左右孵化，小蝌蚪在水中生活 20~30 天完成变态发育，其体长 9.5mm。

保护等级

中国生物多样性红色名录等级为无危 (LC)。

泽陆蛙

Fejervarya multistriata

科
蛙科 Ranidae

属
陆蛙属 *Fejervarya*

形态特征

雄蛙体长 38~42mm，雌蛙体长 43~49mm。头长略大于头宽；吻端钝尖；瞳孔横椭圆形，眼间距很窄，为上眼睑的 1/2；鼓膜圆形。背部皮肤粗糙，无背侧褶，体背面有数行长短不一的纵肤褶，褶间、体侧及后肢背面有小疣粒；体腹面皮肤光滑。指、趾末端钝尖无沟；后肢较粗短，前伸贴体时胫跗关节达肩部或眼部后方，左右跟部不相遇或仅相遇，胫长小于体长之半，外跖突小，趾间近半蹼，第 5 趾外侧无缘膜或极不显著。背面颜色变异颇大，多为灰橄榄色或深灰色，杂有棕黑色斑纹，有的头体中部有一条浅色脊线；上下唇缘有棕黑色纵纹，四肢背面各节有棕色横斑 2~4 条，体和四肢腹面为乳白色或乳黄色。雄性第 1 指婚垫发达，具单咽下外声囊，咽喉部黑色；有雄性线。卵径 1mm 左右，动物极棕黑色，植物极灰白色。第 35~36 期蝌蚪全长平均 33mm，头体长 13mm 左右，尾长约为头体长的 200%；背面橄榄绿色，体背、尾部有深色斑点；头体椭圆略扁，尾部较弱，尾末端略细尖；下唇乳突中央约缺 5 个乳突位置。刚变成的幼蛙体长 12~14mm。

生活习性

生活于平原、丘陵和海拔 2000m 以下山区的稻田、沼泽、水塘、水沟等静水域或其附近的旱地草丛，昼夜活动，主要在夜间觅食。繁殖期长达 5~6 个月，4 月中旬至 5 月中旬、8 月上旬至 9 月为产卵盛期；大雨后该蛙常集群繁殖；雌蛙每年产卵多次，每次产卵 370~2085 粒，产卵多少与年龄有关，卵群多产在水深 5~15cm 的稻田及雨后临时水坑中，卵粒成片漂浮于水面或黏附于植物枝叶上。蝌蚪生活于静水域中。

保护等级

中国生物多样性红色名录等级数据缺乏（DD）。

虎纹蛙

Hoplobatrachus chinensis

蛙科 Ranidae

虎纹蛙属 *Hoplobatrachus*

形态特征

体型硕大，雄蛙体长 66~98mm，雌蛙体长 87~121mm，体重可达 250g 左右。头长大于头宽；吻端钝尖；下颌前缘有两个齿状骨突；瞳孔横椭圆形，眼间距小于上眼睑宽，鼓膜约为眼径的 3/4。体背面粗糙，无背侧褶，背部有长短不一、多断续排列成纵行的肤棱，其间散有小疣粒，胫部纵行肤棱明显；头侧、手、足背面和体腹面光滑。指、趾末端钝尖，无沟；后肢较短；前伸贴体时胫跗关节达眼至肩部，左右跟部相遇或略重叠；第 1、5 趾游离侧缘膜发达；趾间全蹼。背面多为黄绿色或灰棕色，散有不规则的深绿褐色斑纹；四肢横纹明显；体和四肢腹面肉色，咽、胸部有棕色斑，胸后和腹部略带浅蓝色，有斑或无斑。雄性第 1 指上灰色婚垫发达；有一对咽侧外声囊。卵径 1.8mm 左右；动物极深棕色，植物极乳白色。第 30~32 期蝌蚪全长 45 mm，头体长 15mm 左右，尾长约为头体长的 199%；背面绿褐色杂有黑色小点，上尾鳍有斑点；体较宽扁，尾肌发达，尾鳍较高或平直，尾末端钝尖；每行唇齿由两列小齿组成；口周围有波浪状的唇乳突；上、下角质颌呈凸凹状。

生活习性

生活于海拔 20~1120m 的山区、平原、丘陵地带的稻田、鱼塘、水坑和沟渠内；白天隐匿于水域岸边的洞穴内；夜间外出活动，跳跃能力很强，稍有响动即迅速跳入深水中。成蛙捕食各种昆虫，也捕食蝌蚪、小蛙及小鱼等。雄蛙鸣声如犬吠。在静水内繁殖，繁殖期 3 月下旬至 8 月中旬，5~6 月为产卵盛期，雌蛙每年可产卵 2 次以上，每次产卵 763~2030 粒。卵单粒至数十粒黏连成片，漂浮于水面。蝌蚪栖息于水塘底部。

保护等级

中国生物多样性红色名录等级未评估 (NE)；国家二级保护野生动物。

福建大头蛙

Limnonectes fujianensiss

 科

蛙科 Ranidae

 属

大头蛙属 *Limnonectes*

形态特征

体型较肥壮，雄蛙体长 47~61mm，雌蛙体长 43~55mm。头长大于头宽；吻钝尖，突出于下唇，吻棱不显；犁骨齿列长。皮肤较粗糙不易破裂，具短肤褶和小圆疣，两眼后方有一条横肤沟，眼后有一条长肤褶，无背侧褶；腹面皮肤光滑。前肢短，前臂及手长约为体长的 38%，指、趾末端球状，无横沟；后肢短，前伸贴体时胫跗关节达眼后角或肩部；有内跗褶；趾间约为半蹼；第 1 趾较短，趾端仅达第 2 趾近端关节下瘤。背面多为黄褐色或灰棕色，疣粒部位多有黑斑，肩上方有一个"八"字形深色斑；唇缘及四肢背面均有黑色横纹；有的咽胸部有棕色纹，有的腹部及四肢腹面无斑。雄性头大，枕部高起，下颌前端齿状骨突长；第 1、2 指有婚垫；无声囊，背侧有雄性线。卵的直径 2~2.4mm，动物极黑色，植物极乳白色。第 34 期蝌蚪全长约29mm，头体长 12mm 左右；体尾背面灰棕色，尾部有深色碎斑，尾末端钝尖；上唇缘缺乳突，口角及下唇乳突较大，唇缘乳突 1 排，中央不缺乳突。刚变成的幼蛙体长11~17.5mm。

生活习性

生活于海拔 600~1100m 的山区，以海拔 700m 左右数量较多，成蛙常栖息于路边和田间排水沟的小水坑或浸水塘内，白天多隐蔽在落叶或杂草间，行动较迟钝。繁殖期较长，5 月可见到卵群、幼期和变态期蝌蚪和幼蛙，雌蛙卵巢内有卵 500 粒左右，每次产卵 32~73 粒，每年可产卵多次，卵单粒，分散在水塘内杂草间或附于石块上。

保护等级

中国生物多样性红色名录等级为无危 (LC)。

镇海林蛙

Rana zhenhaiensis

 科

蛙科 Ranidae

 属

蛙属 *Rana*

形态特征

雄蛙体长 40~54mm，雌蛙体长 36~60mm。头长大于头宽；吻端钝尖，突出于下唇，吻棱较钝；瞳孔横椭圆形；鼓膜圆形，约为眼径的 2/3；犁骨齿两短斜行。皮肤较光滑，背部及体侧有少数小圆疣，多数个体肩上方有倒 "V" 形疣粒；背侧褶细窄在颞部上方略向外侧弯曲。前臂及手长不到体长之半，指、趾端钝圆而无沟；后肢较长，前伸贴体时胫跗关节达鼻孔前后，左右跟部重叠，胫长超过体长之半，足与胫几乎等长，无股后腺，趾间蹼缺刻深，其凹陷位于第 4 趾第 2 关节处。体背面多为橄榄棕色、棕灰色或棕红色，颞部有黑色三角斑；腹面乳白或浅棕色，咽胸部有紫灰小斑点。雄性第 1 指具灰色婚刺，基部腹面者略分；无声囊，背、腹侧均有雄性线。卵径 1.7mm，动物极黑棕色，植物极灰棕色。第 38~40 期蝌蚪体全长平均 29mm，头体长 12mm 左右，尾长约为头体长的 152%；背面橄榄棕色，尾肌不发达，尾鳍较低平，有褐色斑点，末端尖；上唇无乳突，两口角及下唇乳突 1 排完整无缺，两口角有副突。

生活习性

生活于近海平面至海拔 1800m 的山区，所在环境植被较为繁茂，乔木、灌丛和杂草丛生，非繁殖期成蛙多分散在林间或杂草丛中活动。觅食多种昆虫及小动物。1 月下旬至 4 月繁殖，此期雄蛙发出低沉的叫声。成蛙群集于稻田、水塘以及临时积水坑且有草本植物的静水域内抱对产卵，尤其是阴雨之夜晚产卵者较多。卵群产在水深 3~30 cm 的水草间。每一卵群有卵 402~1364 粒，卵的孵化期为 6~7 天。蝌蚪多底栖，当年完成变态发育，刚完成变态发育的幼蛙体长 16~18mm，形态和色斑与成蛙相似。

保护等级

中国生物多样性红色名录等级为无危（LC）。

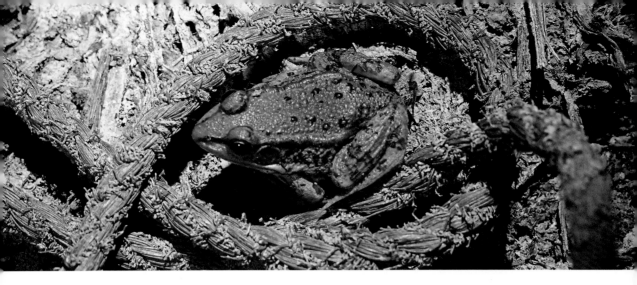

福建侧褶蛙

Pelophylax fukienensis

🔵 科

蛙科 Ranidae

🔵 属

侧褶蛙属 Pelophylax

形态特征

雄蛙体长 47mm，雌蛙体长 65mm 左右。头长略大于头宽；吻端钝圆，略突出于下唇；鼻间距大于眼间距而略小于上眼睑宽；鼓膜大而明显，与眼径几乎等大，靠近或紧接在眼后。背侧褶自眼后至胯部，两条背侧褶几乎近于平行。前肢较短，前臂及手长不到体长的一半，后肢较长，胫长约为体长之半，趾间几乎满蹼；外侧跖间蹼达跖基部，内蹠突发达，呈刃状，约为内趾长的一半；外跖突小而圆。皮肤光滑，仅在体背后部有小疣粒；腹面光滑，股后下方及肛部附近有扁平疣。生活时背部绿色或绿棕色，少数个体体背后部有黑色小圆斑；从眼后沿着背侧褶下缘至鼓膜后方向下斜达口角处有一条黑线；背侧褶黄棕色；绝大多数个体从吻至肛有一条浅绿色脊线，上臂后侧有一条黑线；后肢背面棕黑色横纹颇明显；股后方有一条浅黄色或金黄色纵纹，其下方又有一条与之平行的不太整齐的黑色纵纹，其上方为黑色与浅色交织而成的网状斑；腹侧从腋后至胯部有一条连续或间断的黑纹。腹面浅黄色，咽、胸部、胯部金黄色，个别标本的咽胸部有细的灰色斑。

生活习性

生活于海拔 1200m 以下的水库和池塘里，尤以荷花池和长有水生植物的池塘里较多，成蛙经常蹲在荷叶上或潜伏于水草间。捕食昆虫、蜘蛛、蚯蚓、小螃蟹、锥实螺等。一年可能产卵 2 次，繁殖季节为 4 月、5 月、6 月。

保护等级

中国生物多样性红色名录等级为无危（LC）。

黑斑侧褶蛙

Pelophylax nigromaculatus

 科

蛙科 Ranidae

 属

侧褶蛙属 *Pelophylax*

形态特征

雄蛙体长 49~70mm，雌蛙体长 35~90mm。头长大于头宽；吻部略尖，吻端钝圆，吻棱不明显；瞳孔横椭圆形；鼓膜大，为眼径的 2/3~4/5；眼间距小于上眼睑宽；犁骨齿呈团状分布，共 2 小团。背面皮肤较粗糙，背侧褶宽，其间有长短不一的肤棱；肩上方无扁平腺体，体侧有长疣和痣粒；胫部背面有纵肤棱；体和四肢腹面光滑。指、趾末端钝尖；后肢较短，前伸贴体时胫跗关节达鼓膜和眼之间，左右跟部不相遇，胫长不到体长之半，第 4 趾蹼达远端关节下瘤，其余趾间蹼达趾端，蹼凹陷较深。体色变异大，多为蓝绿色、暗绿色、黄绿色、灰褐色、浅褐色等，有的个体背脊中央有浅绿色脊线或体背及体侧有黑斑点；四肢有黑色或褐绿色横纹，股后侧有黑色或褐绿色云斑；体和四肢腹面为一致的浅肉色。雄性第 1 指有灰色婚垫，有一对颈侧外声囊，有雄性线。卵径 1.5~2mm，动物极深棕色，植物极淡黄色。第 32~37 期蝌蚪全长平均 51mm，头体长 20mm 左右，尾长约为头体长的 159%；体肥大，体背灰绿色；尾肌较弱，尾鳍发达后段较窄，有灰黑色斑纹，末端钝尖；上唇无乳突，两侧及下唇乳突一排，口角有副突。

生活习性

广泛生活于平原或丘陵的水田、池塘、湖沼区及海拔 2200m 以下的山地，白天隐蔽于草丛和泥窝内，黄昏和夜间活动；跳跃力强，一次跳跃可达 1m 以上。捕食昆虫纲、腹足纲、蛛形纲等小动物。成蛙在 10~11 月进入松软的土中或枯枝落叶下冬眠，翌年 3~5 月出蛰。繁殖季节在 3 月下旬至 4 月，雄蛙前肢抱握在雌蛙腋胸部位，黎明前后产卵于稻田、池塘浅水处，卵群团状，每团 3000~5500粒。卵和蝌蚪在静水中发育生长，幼体完成变态发育后登陆营陆栖生活。

保护等级

中国生物多样性红色名录等级为近危(NT)；福建省级重点保护野生动物。

沼水蛙

Hylarana guentheri

 科

蛙科 Ranidae

属

水蛙属 *Hylarana*

形态特征

雄蛙体长 59~82mm，雌蛙体长 62~84mm。头部较扁平，头长大于头宽；瞳孔横椭圆形；鼓膜圆约为眼径的 4/5。皮肤光滑，口角后方有颌腺；背侧褶显著，但不宽厚，从眼后直达胯部；无颞褶；体侧皮肤有小疣粒；胫部背面有细肤棱；整个腹面皮肤光滑，仅雄性咽侧外声囊部位呈皱褶状。指端钝圆，无腹侧沟；后肢较长，前伸贴体时胫跗关节达鼻眼之间，胫长略超过体长之半，左右跟部相重叠；趾端钝圆有腹侧沟；除第 4 趾蹼达远端关节下瘤外，其余各趾具全蹼；外侧间蹼达跖基部。背部颜色变异较大，多为棕色或棕黄色，沿背侧褶下缘有黑纵纹，体侧、前肢前后和后肢内外侧有不规则黑斑；颌腺浅黄色；后肢背面多有深色横纹；体腹面黄白色，咽胸部和腹侧有灰绿色或黑色斑，四肢腹面肉色。雄性肱前腺呈肾形，有一对咽侧下外声囊，体背侧有雄性线。卵径 1.2~1.5mm；动物极棕黑色，植物极乳白色。第 32~35 期蝌蚪全长 47mm，头体长 16mm 左右，尾长约为头体长的 185%；头体宽扁，体灰绿色满布有细麻点，背、腹面无腺体团，腹面浅黄色；尾鳍高满布棕色云斑，尾末端细尖；上唇两侧有乳突一排，下唇乳突两排，外排须状。

生活习性

生活于海拔 1100m 以下的平原、丘陵和山区，成蛙多栖息于稻田、池塘或水坑内，常隐蔽在水生植物丛间、土洞或杂草丛中。捕食以昆虫为主，还觅食蚯蚓、田螺以及幼蛙等。繁殖季节因地区有差异，多在 5~6 月，此期间雄蛙发出低沉而似狗叫的鸣声，常两只雄蛙一呼一应，群众称其为"水狗"；雌蛙每年产卵一次，2000~4090 粒，呈片状或团状。蝌蚪经 45~60 天可完成变态发育成为幼蛙，残留尾 7mm 时，其体长约 20mm。

保护等级

中国生物多样性红色名录等级为无危（LC）。

阔褶水蛙

Hylarana latouchii

 科

蛙科 Ranidae

 属

水蛙属 *Hylarana*

形态特征

雄蛙体长 36~40mm，雌蛙体长 42~53mm。头长大于宽；吻较短而钝，吻端略圆，吻棱明显；鼓膜为眼径的 3/5~2/3；犁骨齿两小团。皮肤粗糙，背侧褶宽窄不一，中部最宽为 4~4.5mm；背面有稠密的小刺粒，口角后有 2 个颌腺，体侧的粒较大；腹面光滑。指末端钝圆，无腹侧沟；后肢前伸贴体时胫跗关节达眼部，左右跟部重叠；胫长约为体长之半，跗褶 2 条，不明显，趾末端略膨大呈吸盘，有腹侧沟，趾间半蹼，均不达趾端。体背面多为褐色或褐黄色，有的有少量灰色斑，背侧褶橙黄色；吻端经鼻孔沿背侧褶下方有黑色带；颌腺黄色；体侧有黑斑，四肢背面有黑横纹，股后方有黑斑及云斑，腹部乳黄色或灰白色。雄蛙第 1 指有婚垫；有 1 对咽侧内声囊，基部臂腺小；背侧有雄性线。卵径 1.3~1.5mm，动物极深棕色，植物极乳黄色。第 35 期蝌蚪全长 40mm，头体长 15mm 左右，尾长约为头体长的 175%；背面淡绿色，有棕色斑点，背两侧有黄色腺体，腹部 3 个淡黄色腺体，尾肌弱，尾鳍较宽，有灰色点，末端钝尖；上唇无乳突，下唇乳突两排，其间距窄，外排长而疏，呈须状；口角有副突少。

生活习性

生活于海拔 30~1500m 的平原、丘陵和山区，常栖于山旁水田、水池、水沟附近，很少在山溪内，白天隐匿在草丛或石穴中。主要捕食昆虫、蚁类等小动物。繁殖期在 3~5 月，雄蛙发出鸣声，一般连续 2~3 次。卵群产于水池或水田边缘水生植物间或岸边石块上，呈堆状，含卵 1000~1474 粒。蝌蚪生活于静水域内。

保护等级

中国生物多样性红色名录等级为无危（LC）。

大绿臭蛙

Odorrana graminea

 科

蛙科 Ranidae

 属

臭蛙属 *Odorrana*

形态特征

雌雄蛙体长差异甚大，雄蛙体长 43~51mm，雌蛙体长 85~95mm。头扁平，头长大于头宽；瞳孔横椭圆形，眼间距与上眼睑几乎等宽；鼓膜为眼径的 1/2~2/3；犁骨齿斜列。皮肤光滑，背侧褶细或略显，颌腺在鼓膜后下方，颞部有细小痣粒；腹面光滑。指、趾均具吸盘及腹侧沟，吸盘纵径大于横径，第 3 指吸盘宽度不大于其下指节的 2 倍；后肢细长，前伸贴体时胫跗关节超过吻端，胫长远超过体长之半，左右跟部重叠颇多；无跗褶，趾间蹼均达趾端。体背面多为纯绿色，其深浅有变异，有的有褐色斑点，两眼间有 1 个小白点，体侧及四肢浅棕色，四肢背面有深棕色横纹，股、胫部各有 3~4 条；腹面白色或浅黄色，有的咽喉部有深色斑，四肢腹面肉色或浅棕色。雄性第 1 指具灰白色婚垫，有 1 对咽侧外声囊，无雄性线。卵径 2.4mm 左右，乳白色。第 30~34 期蝌蚪全长平均 34mm，头体长平均 11mm 左右，尾长约为头体长的 206%；头体细长而扁平，尾肌发达，尾部有深色细小斑点，尾鳍褶低矮，尾末端钝尖；上唇无乳突、口角和下唇乳突一排，口角部位有副突。

生活习性

生活于海拔 450~1200m 森林茂密的大中型山溪及其附近，流溪内大小石头甚多，环境极为阴湿，石上长有苔藓等植物；成蛙白昼多隐匿于流溪岸边石下或在附近的密林里落叶间；夜间多蹲在溪内露出水面的石头上或溪旁岩石上。5 月下旬至 6 月为繁殖盛期，卵群成团黏附在溪边石下，雌性怀卵数为 2240~3724 粒，少者仅 236 粒。蝌蚪栖息于流溪水凼内。

保护等级

中国生物多样性红色名录等级数据缺乏（DD）。

花臭蛙

Odorrana schmackeri

 科

蛙科 Ranidae

 属

臭蛙属 *Odorrana*

形态特征

雄蛙体长 43~47mm，雌蛙体长 76~85mm。头长略大于头宽或几乎相等，头顶扁平；瞳孔横椭圆形；鼓膜大，约为第 3 指吸盘的 2 倍；犁骨齿呈两斜列。体和四肢背面较光滑或有疣粒，上眼睑、体后和后肢背面均无白刺；体侧无背侧褶，胫部背面有纵肤棱；体腹面光滑。指、趾具吸盘，纵径大于横径，均有腹侧沟，第 3 指吸盘宽度小于等于其下方指节的 2 倍；后肢较长，前伸贴体时胫跗关节达鼻孔或眼鼻之间，胫长超过体长之半，左右跟部重叠颇多；无跗褶，趾间全蹼，蹼缘缺刻深，第 4 趾第 2 个趾节以缘膜达趾端。体背面为绿色，间以深棕色或褐黑色大斑点，多近圆形，有的个体镶以浅色边，两眼间有 1 个小白点；四肢有棕黑色横纹，股、胫部各有 5~6 条；体腹面乳白色或乳黄色，咽胸部有浅棕色斑，四肢腹面肉红色。雄性在繁殖季节胸、腹部有白色刺群，第 1 指婚垫灰色；有 1 对咽侧下外声囊；仅背侧有雄性线。卵径 2.4mm 左右，动物极灰棕色。第 32~37 期蝌蚪全长平均 45mm，头体长平均 15mm，尾长约为头体长的 194%；体细长或较宽圆，尾部发达有稀疏小斑点，上尾鳍弧形，尾末端钝圆；上唇缘无乳突，口角和下唇乳突 1 排成交错排列，口角部有副突。

生活习性

生活于海拔 200~1400m 山区的大小山溪内，溪内大小石头甚多，植被较为繁茂，环境潮湿，两岸岩壁长有苔藓；成蛙常蹲在溪边岩石上，头朝向溪内，体背斑纹很像映在落叶上的阴影，也与苔藓颜色相似，受惊扰后常跳入水凼并潜入深水石间，但一般在水内潜伏时间不长，10~20 分钟后又游到岸边。繁殖期在 7~8 月，雄蛙在夜间发出鸣叫声；雌蛙可产卵 1400~2544 粒，产卵后雌蛙离水分散栖息于林间草丛中。蝌蚪在水凼中底层落叶间或石下。

保护等级

中国生物多样性红色名录等级为无危 (LC)。

华南湍蛙

Amolops ricketti

 科

蛙科 Ranidae

 属

湍蛙属 *Amolops*

形态特征

雄蛙体长 42~61mm，雌蛙体长 54~67mm。头部扁平，头宽略大于头长；吻端钝圆；眼间距与上眼睑几乎等宽；鼓膜小或不显；有犁骨齿。皮肤粗糙，全身背面满布大小痣粒或小疣粒，体侧大疣粒较多；颞褶平直；体腹面一般光滑，雄性股部和腹后部成颗粒状或有细皱纹。前肢较短，前臂及手长不到体长之半，指、趾末端均具吸盘及边缘沟；后肢适中，前伸贴体时胫跗关节达眼，胫长略大于体长之半，左右跟部重叠，趾间全蹼。体背面多为灰绿色、棕色或黄绿色，满布不规则深棕色或棕黑色斑纹，四肢具棕黑色横纹；腹面黄白色，咽胸部有深灰色大理石斑纹，四肢腹面肉黄色，无斑。雄蛙第 1 指基部具乳白色婚刺，无声囊，无雄性线。剖视雌蛙腹内成熟卵，卵径1.8~2.0mm，乳白色。第 30~31 期蝌蚪全长平均 37mm，头体长 12mm 左右，尾长约为头体长的 204%；体尾灰黑色，背部与尾肌两侧有虚线状的金黄色斑纹；体扁平，尾肌发达，尾鳍较低，尾末端钝圆；口后方有腹吸盘；眼后下方有一对腺体，腹后部两侧有腺体团一对，呈椭圆形；上、下唇近口角处各有唇乳突 2 短排。新成蛙体长19mm。

生活习性

生活于海拔 410~1500m 的山溪内或其附近；白天少见，夜晚栖息在急流处石上或石壁上，一般头朝向水面，稍受惊扰即跃入水中。繁殖季节在 5~6 月，雌蛙可产卵730~1086 粒。成蛙捕食蝗虫、蟋蟀、金龟子等多种昆虫，及其他小动物。蝌蚪生活于急流中，常吸附在石头上，多以藻类为食。

保护等级

中国生物多样性红色名录等级为无危（LC）。

斑腿泛树蛙

Polypedates megacephalus

科

树蛙科 Rhacophoridae

属

泛树蛙属 *Polypedates*

形态特征

体型扁而窄长，雄蛙体长 41~48mm，雌蛙体长 57~65mm。头部扁平，头长大于头宽或相等；鼓膜大而明显；犁骨齿强。背面皮肤光滑，有细小痣粒；体腹面有扁平疣，咽胸部的疣较小，腹部的疣大而稠密。指间无蹼，指侧均有缘膜，指、趾端均具吸盘和边缘沟；后肢细较长，前伸贴体时胫跗关节眼与鼻孔之间，胫长约为体长之半，左右跟部重叠，趾间蹼弱，第 4 趾外侧趾间蹼达远端两个关节下瘤之间，其余各趾以缘膜达趾端，外侧间蹼不发达，指、趾吸盘背面可见"Y"字形痕迹。背面颜色有变异，多为浅棕色、褐绿色或黄棕色，一般有深色"X"字形斑或呈纵条纹，有的仅散有深色斑点；腹面乳白或乳黄色，咽喉部有褐色斑点；股后有网状斑。雄蛙第 1、2指有乳白色婚垫；通常具内声囊；有雄性线。卵白色，卵径 1.5mm 左右。第 33~36期蝌蚪全长平均 42mm，头体长 13mm 左右，尾长约为头体长的 185%；背面黄绿色、棕红色或橄榄绿色，尾部散有深棕色斑点；体短，前窄后宽圆，尾肌弱，尾鳍高而薄，尾末端细尖；上唇无乳突，下唇乳突一排，参差排列，在中央部位缺乳突，口角处有副突。

生活习性

生活于海拔 80~2200m 的丘陵和山区，常栖息在稻田、草丛或泥窝内或在田埂石缝以及附近的灌木、草丛中。行动较缓，跳跃力不强。繁殖期因地而异，配对时雄蛙前肢抱握在雌蛙的腋胸部位，多在 4~6 月产卵，卵群附着在稻田或静水塘岸边草丛中或泥窝内，卵泡呈乳黄色，含卵 250~2410 粒。蝌蚪在静水内发育生长，当年完成变态发育，幼蛙以陆栖为主。

保护等级

中国生物多样性红色名录等级为无危（LC）。

布氏泛树蛙

Polypedates braueri

科
树蛙科 Rhacophoridae

属
泛树蛙属 *Polypedates*

形态特征

雄蛙体长约53.11mm，雌蛙约56.57mm。头宽与头长约等宽；吻前端钝，鼻孔近吻端；眶间距约为上眼睑距的4/3；鼓膜直径约为眼径的2/3；颞褶显著；内鼻孔位置靠后，几乎达眶前缘，左右分开较大；犁骨齿长，略向后斜列，左右相距较窄。指、趾端均具吸盘，指吸盘大于趾吸盘，但小于鼓膜直径；第1指长小于第2指长，指关节下瘤明显；贴体前伸达眼前端；趾蹼约为3/4；内蹠突大而突出，椭圆形，无外蹠突。体背皮肤较为光滑，疣粒细小，但腹部及四肢腹侧皮肤较为粗糙；自眼后角开始，身体两侧各有一窄细肤褶，有的个体经前臂上方一直延伸至腹股沟区，但大多数个体此肤褶较短，经肩部上方向下延伸而止于靠近前肢下方处。

生活习性

栖息于海拔500~2100m静水水域附近的杂草丛中，鸣叫声一般为单音节、三连声且带颤音，很响亮。5月、8月均听见鸣叫并发现卵泡，卵泡一般黏附于水边紧靠水的泥窝或杂草根部。

保护等级

中国生物多样性红色名录等级为未评估（NE）。

大树蛙

Rhacophorus dennysi

 科

树蛙科 Rhacophoridae

 属

泛树蛙属 *Polypedates*

形态特征

体型大，体扁平而窄长，雄蛙体长68~92mm，雌蛙体长 83~109mm。头部扁平，雄蛙头长宽几乎相等，雌蛙头宽大于头长；吻端斜尖；鼓膜大而圆；犁骨齿列强，几乎平置。背面皮肤较粗糙有小刺粒；腹部和后肢股部密布较大扁平疣。指、趾端均具吸盘和边缘沟，吸盘背面可见"Y"字形痕迹，指间蹼发达，第

3、4指间全蹼；后肢较长，前伸贴体时胫跗关节达眼部或超过眼部，胫长不到或接近体长之半，左右跟部不相遇或仅相遇，趾间全蹼，第 1 趾和第 5 趾游离缘有缘膜，内跖突小，无外跖突。体色和斑纹有变异，多数个体背面绿色，体背部有镶浅色线纹的棕黄色或紫色斑点；沿体侧一般有成行的白色大斑点或白纵纹，下颌及咽喉部为紫罗蓝色；腹面其余部位灰白色；指、趾间蹼有深色纹。雄蛙第 1、2 指有浅灰色婚垫；具单咽下内声囊，有雄性线。卵径 2mm，乳白色。蝌蚪全长 42mm，头体长 14mm 左右，尾长约为体长的 194%；眼位于头背侧，体尾绿棕色，尾末端钝尖。上唇中部无乳突，下唇乳突参差排成两排，中央微缺乳突。新成蛙体长 14mm。

生活习性

生活于海拔 80~800m 山区的树林里或附近的田边、灌木及草丛中。捕食金龟子、叩头虫、蟋蟀等多种昆虫及其他小动物。傍晚后雄蛙发出连续清脆而洪亮的鸣叫声。产卵季节在 4~5 月，配对时雄蛙前肢抱握在雌蛙的腋部，卵泡多产于田埂或水坑壁上，有的产在灌丛或树的枝叶上。卵泡白色或乳黄色，含卵 1329~4041 粒；卵孵化后的小蝌蚪从卵泡内跌落到静水塘或稻田中生活。

保护等级

中国生物多样性红色名录等级为无危（LC）。

棘胸蛙

Quasipaa spinosa

 科

叉舌蛙科 Dicroglossidae

 属

棘胸蛙属 *Quasipaa*

形态特征

体型肥硕，雄蛙体长 106~142mm，雌蛙体长 115~153mm。头宽大于头长；吻端圆，吻棱不显；鼓膜隐约可见。皮肤较粗糙，长短疣断续排列成行，其间有小圆疣，疣上一般有黑刺；眼后方有横肤沟；颞褶显著；无背侧褶；雄蛙胸部满布大小肉质疣，向前可达咽喉部，向后止腹前部，每一疣上有一枚小黑刺；雌蛙腹面光滑。前肢粗壮，前臂及手长近于体长之

半；指、趾端球状；后肢适中，前伸贴体时胫跗关节达眼部，趾间全蹼；外侧跖间蹼达跖长之半，跗褶清晰，第 5 趾外侧缘膜达跖基部。体背面颜色变异大，多为黄褐色、褐色或棕黑色，两眼间有深色横纹，上、下唇缘均有浅色纵纹，体和四肢有黑褐色横纹；腹面浅黄色，无斑或咽喉部和四肢腹面有褐色云斑。雄蛙前臂很粗壮，内侧 3 指有黑色婚刺，胸部疣粒小而密，疣上有黑刺 1 枚；具单咽下内声囊，有雄性线。卵径 4.5~5.0mm，动物极黑灰色，植物极乳黄色。第 34~38 期蝌蚪全长平均59mm，头体长 20mm 左右，尾长约为头体长的 191%；头体黑灰色，背中线色较浅，尾部有斑点；尾末端钝圆或钝尖；下唇缘中央内凹，下唇乳突两排，外排内凹处无乳突，内排乳突在中央不间断；口角部位有副突。

生活习性

生活于海拔 600~1500m 林木繁茂的山溪内。白天多隐藏在石穴或土洞中，夜间多蹲在岩石上。捕食多种昆虫、溪蟹、蜈蚣、小蛙等，其有益系数为47%。怀卵量为 300~2800 粒；繁殖季节在 5~9 月，每次产卵 122~350 粒，7月中旬在野外获得卵群，成串黏附在水中石下，每串由 7~12 粒组成，同一雌蛙可产多个卵串，形似葡萄状。蝌蚪白天隐匿在石下，夜间多伏于水底石上。

保护等级

中国生物多样性红色名录等级为易危（VU）。

参考文献

中国野生动物保护协会，2002. 中国爬行动物图鉴 [M]. 郑州：河南科学技术
　　出版社 .

黎振昌，肖智，刘少容，等，2011. 广东两栖动物和爬行动物 [M]. 广州：广
　　东科技出版社 .

王英勇，陈春泉，赵健，等，2017. 中国井冈山地区陆生脊椎动物彩色图谱
　　[M]. 北京：科学出版社 .

黄松，2021. 中国蛇类图鉴 [M]. 福州：海峡书局 .

赵尔应，2006. 中国蛇类图鉴 [M]. 合肥：安徽科技出版社 .

郭淳鹏，钟茂君，汪晓意，等，2022. 福建省两栖、爬行动物更新名录 [J].
　　生物多样性，30（8）：170–179.

王剀，任金龙，陈宏满，等，2020. 中国两栖、爬行动物更新名录 [J]. 生物
　　多样性，28（8）：189–218.

郭鹏，刘芹，吴亚勇，等，2021. 中国蝮蛇 [M]. 北京：科学出版社 .

王江，赵一凡，屈彦福，等，2023. 中国蛇类形态、生活史和生态学特征数
　　据集口 [J]. 生物多样性，31（7）：152–158.

钟雨茜，陈传武，王彦平，2022. 中国蜥蜴类生活史和生态学特征数据集口
　　[J]. 生物多样性，30（4）：117–122.

费梁，2020. 中国两栖动物图鉴 [M]. 郑州：河南科学技术出版社 .

王剀，任金龙，陈宏满，等，2020. 中国两栖、爬行动物更新名录口 [J]. 生
　　物多样性，28（2）：189–218.

中国两栖类，2022. "中国两栖类"信息系统 [DL/EB]. 中国，云南省，昆明
　　市，中国科学院昆明动物研究所 . 网站：http://www.amphibiachina.otg/.

宋云枫，陈传武，王彦平，2022. 中国两栖类生活史和生态学特征数据集口
　　[J]. 生物多样性，30（3）：84–89.

中文名索引

B

白唇竹叶青蛇	66
斑腿泛树蛙	110
北草蜥	17
鳖	13
布氏泛树蛙	112

C

草腹链蛇	40
赤链华游蛇	31
赤链蛇	43
翠青蛇	52

D

大绿臭蛙	104
大树蛙	113
淡肩角蟾	79
东方蝾螈	74
短尾蝮	64
钝尾两头蛇	28
多疣壁虎	14

F

繁花林蛇	51
福建侧褶蛙	99
福建大头蛙	96
福建掌突蟾	78
福建竹叶青蛇	68

G

钩盲蛇	24
挂墩后棱蛇	37
光蜥	23

H

黑斑侧褶蛙	100
黑斑肥螈	76
黑背白环蛇	44
黑脊蛇	25
黑眶蟾蜍	80
黑眉锦蛇	48
黑头剑蛇	26
横纹斜鳞蛇	39
虎纹蛙	94
花臭蛙	106
华南湍蛙	108
滑鼠蛇	55
环纹华游蛇	32
黄斑渔游蛇	34
黄喉拟水龟	11
黄链蛇	42
灰鼠蛇	54
棘胸蛙	114

J

尖尾两头蛇	27
尖吻蝮	62

绞花林蛇 50

颈棱蛇 35

K

阔褶水蛙 102

L

蓝尾石龙子 22

丽棘蜥 16

M

蟒 72

N

南草蜥 18

P

平胸龟 10

蹼趾壁虎 15

Q

铅色水蛇 30

S

三港雨蛙 86

山溪后棱蛇 36

饰纹姬蛙 90

T

台湾烙铁头蛇 70

铜蜓蜥 19

W

王锦蛇 49

乌龟 12

乌华游蛇 33

乌梢蛇 53

X

小弧斑姬蛙 88

Y

眼镜王蛇 60

银环蛇 58

玉斑锦蛇 46

原矛头蝮 65

Z

泽陆蛙 92

沼水蛙 101

镇海林蛙 98

中国石龙子 20

中国水蛇 29

中国小头蛇 57

中国雨蛙 84

中华蟾蜍 82

舟山眼镜蛇 59

紫灰锦蛇 47

紫棕小头蛇 56

棕黑腹链蛇 38

学名索引

A

Acanthosaura lepidogaster 16

Achalinus spinalis 25

Akydromus septentrionalis 17

Amolops ricketti 108

Amphiesma stolatum 40

Ateuchosaurus chinensis 23

B

Boiga kraepelini 50

Boiga kraepelini 51

Bufo gargarizans 82

Bungarus multicinctus 58

C

Calamaria pavimentata 27

Calamaria septentrionalis 28

Cyclophiops major 52

Cynops orientalis 74

D

Deinagkistrodon acutus 62

Duttaphrynus melanostictus 80

E

Elaphe carinata 49

Elaphe porphyracea 47

Elaphe taeniura 48

Enhydris plumbea 30

Euprepiophis mandarinus 46

F

Fejervarya multistriata 92

G

Gekko japonicas 14

Gekko subpalmatus 15

Gloydius brevicaudus 64

H

Hebius sauteri 38

Hoplobatrachus chinensis 94

Hyla chinensis 84

Hyla sanchiangensis 86

Hylarana guentheri 101

Hylarana latouchii 102

I

Indotyphlops braminus   24

L

Limnonectes fujianensiss   96

Lycodon flavozonatus   42

Lycodon rufozonatus   43

Lycodon ruhstrati   44

M

Mauremys mutica   11

Mauremys reevesii   12

Megophrys boettgeri   79

Microhyla fissipes   90

Microhyla heymonsi   88

Myrrophis chinensis   29

N

Naja atra   59

O

Odorrana graminea   104

Odorrana schmackeri   106

Oligodon chinensis   57

Oligodon cinereus   56

Ophiophagus hannah   60

Opist hotropis kuatunensis   37

Opisthotropis latouchii   36

Ovophis makazayazaya   70

P

Pachytriton brevipes   76

Paramegophrys liui   78

Pelodiscus sinensis   13

Pelophylax fukienensis   99

Pelophylax nigromaculatus   100

Platysternon megacephalum   10

Plestiodon chinensis   20

Plestiodon elegans   22

Polypedates braueri   112

Polypedates megacephalus   110

Protobothrops mucrosquamatus   65

Pseudoagkistrodon rudis   35

Pseudoxenodon bambusicola   39

Ptyas dhumnades   53

Ptyas korros   54

Ptyas mucosa   55

Python bivittatus   70

Q

Quasipaa spinosa   114

R

Rana zhenhaiensis   98

Rhacophorus dennysi   113

S

Sibynophis chinensis   26

Sphenomorphus indicus   19

T

Takydromus sexlineatus   18

Trimeresurus albolabris   66

Trimeresurus stejnegeri   68

Trimerodytes aequifasciata   32

Trimerodytes annularis   31

Trimerodytes percarinatus   33

X

Xenochrophis flavipunctatus   34